南怀瑾

的传统文化课

项前◎著

中华工商联合出版社

图书在版编目（CIP）数据

　　南怀瑾的传统文化课 / 项前著. --北京：中华工
商联合出版社，2015.5
　　ISBN 978-7-5158-1263-2

　　Ⅰ.①南… Ⅱ.①项… Ⅲ.①人生哲学－通俗读物
Ⅳ.① B821-49

　　中国版本图书馆CIP数据核字（2015）第 074584 号

南怀瑾的传统文化课

作　　者：	项　前
责任编辑：	吕　莺　徐　芳
封面设计：	信宏博
责任审读：	李　征
责任印制：	迈致红
出版发行：	中华工商联合出版社有限责任公司
印　　刷：	唐山富达印务有限公司
版　　次：	2015 年 7 月第 1 版
印　　次：	2022 年 2 月第 2 次印刷
开　　本：	710mm × 1020mm　1/16
字　　数：	220 千字
印　　张：	15.5
书　　号：	ISBN 978 -7- 5158-1263-2
定　　价：	48.00 元

服务热线：010 - 58301130

销售热线：010 - 58302813

地址邮编：北京市西城区西环广场A座

　　　　　　19-20 层，100044

http:// www.chgslcbs.cn

E-mail：cicap1202@sina.com（营销中心）

E-mail：gslzbs@sina.com（总编室）

工商联版图书

版权所有　侵权必究

凡本社图书出现印装质量问
题，请与印务部联系。

联系电话：010 - 58302915

前　言

中华文明源远流长，文化传统生生不息，虽然朝代更迭，时代变迁，但精神底蕴和人文内核里流淌着一代代国人的感情，蕴含着伟大的文化，彰显着深邃的思想。

历朝历代的圣人大家以他们深刻的洞察力对生活进行思考和提炼，用他们的生花妙笔书写出了传世的经典，经典内容涉及传统文化方方面面，如文化、历史，哲学、道德、美学，今天我们再读经典，不仅仅是为了传承中华民族文化，也是提高个人修养，学习博大精深中国传统文化的好途径。

一个人的精神培育和成长史体现了一个

人的阅读史；一个民族的境界很大程度上取决于全民的阅读水平。人们通过阅读了解传统文化，通过阅读经历文化濡染，这个过程也是启迪智慧，修养性情，促进核心价值体系的形成过程。

本书以南怀瑾的传统文化观念为主线，分别从读书、做人、成就事业等各个方面阐述人生需要的智慧和方法，多角度讲解继承传统文化的重要性。在讲解为人处世的智慧和方法时，通过一个个旁征博引的小故事，让我们在感受传统文化博大精深的同时，和南怀瑾及先哲们进行跨越时空的思想交流和情感沟通，从而发自内心地为自己是一个炎黄子孙而骄傲，并深切感悟到：美哉，我中华，美哉，中华传统；壮哉，我中华，壮哉，我中华精神！

目　录

第七章　尊老爱幼，团结互助

第一章

自强不息的奋斗精神

要有"岁寒松柏"的精神

南怀瑾认为，强者和弱者的区别，很大程度就是表现在对待失败的态度上。正如中国有句老话说的那样："艰难困苦，玉汝于成。"困难的环境，最能磨炼人的素质，增强人的才干，对人的性格有着特殊的锻炼价值。而人只要不怕困难，以积极的态度迎难而上，在征服困难的过程中，困难就会成为磨炼人坚强性格的一块磨刀石，把人锻炼得更加坚强有韧性。

世界上的很多事情往往是这样的：事业未成，先尝苦果。壮志未酬，先遭失败。而且，失败常常专跟强者作对。《论语》中说："岁寒，然后知松柏之后，凋也。"就是说松柏傲寒而屹立，及至寒冷季节，才最后凋谢的。竹、梅也具有松柏的意志。所以，古人称松、竹、梅为"岁寒三友"，赞美它们经冬不凋的品质，并借此赞美在艰难困苦中能经受各种考验，不屈不挠，坚持斗争，战胜各种逆境，努力去实现自己理想的人们。其实，人生就要有岁寒松柏的精神，自强不息的坚韧，生命的奖赏常常远在旅途终点，而非起点附近。谁都不知道要走多少步才能达到目标，虽然，踏上每一个新的征程的时候都可能会遭遇失败，但每一次的失败，都会增加成功的机会。

古人说："欲做精金美玉的人品，定从烈火中煅来；思立掀天揭地的事功，须向薄冰上履过。""许多先贤之有百折不回之真心，才终有万变不穷之收获。"所以事业成功的过程，实质上就是不断战胜失败的过程。

历史上被楚庄王拜为令尹的孙叔敖，具有政治、经济、军事等多方面的卓越才能，然而他的仕途也并非一帆风顺，他曾经几起几落，但他"三为令尹而不喜，三去令尹而不忧"，荣辱不放于心，有宰相风范。三国时神机妙算的诸葛亮，不仅有"弃新野，走樊城，败当阳，奔夏口"的败迹，而且大败仗打得也不少，尤其是他晚年全力以赴组织的六出祁山，也都以失败而告终。但诸葛亮终能成为人杰龙凤，取得大成就，与其不怕困难和挫折大有关系。所以，欲成就大事业者，能否经受住挫折和失败的严峻考验，是一个非常关键的问题，而缺乏决心和信心者常常成为失败的俘虏。

世上之事，凡低的目标容易达到，而越高的目标难度就越大，失败的机会也自然就越多。人都渴望成为强者，但有些人经受得住失败的打击，有些人却经受不住失败的打击；还有些人经过一阵子的奋斗，遭到一次乃至几次失败后，便偃旗息鼓、罢手不干了，因而最终只能和一事无成的弱者为伍。

人的坚强毅力并不需要像苦行僧一样单纯来自忍受，而是首先来自心灵的明智和豁达。要知道"胜败乃兵家常事"，不仅"兵家"，谁做什么事都会存在或胜或败两种可能性，所以人要有"岁寒松柏"的精神，在行动前不能只做成功的打算，不做失败的准备，否则，会削弱对失败的心理承受力，从而在失败面前变得更加脆弱。人要像松柏一样，"大雪压青松，青松挺且直"。

北宋著名学者、政治家、军事家范仲淹在童年时期，就酷爱读书，志向远大。由于家境清贫，上不起学，10岁时住在长山醴泉寺的僧房里发愤苦读，每天煮一小盆稀粥，凝结后，用刀划成四块，早晚各取两块，再切几根咸菜，就着吃下去。这就是后世传为佳话的"断齑划粥"的故事。

醴泉寺里的老火头僧，很佩服范仲淹这种精神，时常称赞他。但范仲淹却说："一个人如果不读书，只知饱食终日，贪图安逸，那种生活是毫无意义的。"

后来范仲淹为了开阔眼界，寻访良师，增进学识，便风餐露宿，千里迢迢来到北宋的南京应天府（今河南商丘），进了著名的南都学舍。在学舍中，他昼夜苦读，"未尝解衣就枕"。在冬夜里，读得疲倦时，他就用冷水洗洗脸，让头脑清醒过来，继续攻读。

　　同学中，有一个是南都留守的儿子，看到范仲淹"忘我攻读"，只吃点粥，很是感动。回家对他父亲讲了这件事。留守感慨地说："这是个有大志、有出息的孩子。你拿些肴馔送给他吃吧。"过了几天，留守的儿子发现范仲淹根本没吃他送的食物，就责备他。范仲淹答谢道："我并非不领令尊的厚意，只是多年吃粥，已成习惯，如贪此佳食，恐怕将来吃不得苦。"

　　范仲淹这种"岁寒松柏"的品格非常值得我们钦佩。人生不能缺少崇高的理想、坚定的信念和明确的目标，更不能缺少脚踏实地的奋斗精神。即使生活上有诸多清苦，但是只要奋发图强，成功就会属于有崇高的理想、坚定的信念和明确的目标，并愿意为之付出各种努力的人。

　　俗话说："吃得苦中苦，方为人上人。""宝剑锋从磨砺出，梅花香自苦寒来。"不经历人生困苦的人，不在人生的风雨中历练自己的人，不敢于挑战困难和挫折的人，就提高不了自己的能力，最终也收获不到更多的成就。

　　明末的文人谈迁，为了弥补明朝无一部传世编年史的缺憾，他花了 26 年时间编撰，并 6 易其稿，终于编成了一部 104 卷、500 万字的《国榷》。但不幸的是，编成的书稿却被窃贼盗走了，受如此打击的谈迁，此时已经 55 岁，然而他矢志不渝，凭其记忆从头做起，终于在 60 多岁时再次完成了这部巨著。

　　宋代著名女词人李清照的丈夫赵明诚，早年就立下了"搜尽天下古文奇字之志"的宏愿，编纂《俭石录》。后来，他节衣缩食，"虽处忧患困穷而志不屈"，勤奋工作，"乐在声色犬马之上"，终于完成了我国这部有关金石学方面的巨著。

清人洪亮吉十年"寒暑不辍"（不管炎热的夏天，还是严酷的冬天，都没有停下自己的努力），终于写作成功了多达 20 卷的皇皇巨著《春秋·左传》。

清初的王夫之，隐居湘西，勤奋著述 40 载，著书 324 卷，成为了历史上最杰出的大学问家。

人的成长是一个经受考验的过程，就恰似经历多门考试，有的门及格了，有的门没及格。及格的学生中，又有优秀者，有较优秀者，凡种种评判，全在一个人的心态有多积极、多乐观，学习有多认真、多刻苦，态度有多坚强、多坚韧。

如果你觉得自己的生活环境和先天条件不够好，如果你觉得自己能力、才华欠缺，那么，从上述这些名人身上，找一找勇气，去效法"岁寒松柏"的精神。"岁寒松柏"的精神，会鼓舞你有面对困难的勇气，会启发你寻找人生正确道路的方法，会力助你走向成功。

人无志不立

一个人要想干成一番事业，不但会遭遇挫折，而且会遭逢困难和艰辛。知难而退，自甘堕落，画地为牢，裹足不前……这些都是强者深恶痛绝的。南怀瑾认为"世上无难事，只要立大志"。他曾说一个人不管做什么，只要肯立志，坚决地去做，哪怕"中道而废"，也比一开始就停步不前好。"这就是"人无志不立"的道理，有了志这个基础，加上信心的建立，就会使人产生精神的力量，有勇气排除万难，向心中的目标前进。

《论语》记载了这样一事：

曾子问曰："不弘毅，任重而道远。仁以为己任，不亦重乎？死而后已，不亦远乎？"

子曰："三军可夺帅也，匹夫不可夺志也。"

就是说曾子曾经请教孔子：一个君子不可以不宽大坚毅，因为他任重道远，把实现仁看作自己的任务，不是很重大吗？至死方休，不是很深远吗？"孔子说："三军之中，军队的首领可以改变，但一个普通男子，如果有志气，志向是不能被改变的，也就是说别人夺不了他的志。"

那么究竟什么是"志"呢？

《孟子》说：富贵不能淫，贫贱不能移，威武不能屈。这就是志，不可被夺的志。这种"志"，可以是坚强的性格和顽强的意志，也可以是战胜困难的决心和勇气。

孔子的一生为了坚持自己的"道"，虽然屡屡受挫折、磨难，到处碰壁，但他却能泰然处之，并坚定不移地为自己的理想奋斗。当时有隐士曾讥讽孔子为"知其不可而为之者"（《宪问》）。

然而对于他人的不理解，孔子虽感到悲凉，却不动摇对行道、弘道的志向，他身体力行，践行自己的大道，广收门徒，终于，他的道，得到天下人心，为后世统治者所用，直到当今，还为世人所瞩目。所以在中国古代，父母非常重视对孩子"志"的培养，也就是信念的培养。

有一个年轻书生屡试不中，非常灰心丧气，一天，父亲给他拿来了两只杯子，里面装满了泥土。父亲要他把杯子放在窗台上，每天给它们浇水。

两个星期后，其中一只杯子的泥土里冒出了两片细细的嫩叶，书生把这个消息告诉了父亲。

父亲说："你同时给两只杯子里的泥土浇水，同时为它们付出了辛劳和汗水，为什么一只杯子里长出了新叶，而另一只杯子里却什么也长不出来呢？——那是因为我在其中一只杯子里埋入了一粒种子，另一只则没有。而那粒种子就代表着生命的理想、信念和目标。所以，生命如果没有理想、信念和目标，就是付出再多的辛劳和汗水，也不会有收获。"

后来，父亲又给了他两只杯子，里面也装满了泥土。这次，父亲要他只给其中的一只杯子里浇水。两个星期后，那只浇水的杯子里冒出了新叶；而另一只没有浇水的杯子里却什么也没有长出来。

父亲又说："在这两只杯子里，我各埋入了一粒种子，为什么浇水的那只冒出了新叶，而没有浇水的那只却没有新叶的出现呢？那是因为，生命仅有理想、信念和目标是不够的，还要懂得为它付出，没有辛勤汗水的浇灌，就是再好的'种子'，再好的理想、信念和目标，也只是海市蜃楼、空中楼阁，永远成不了现实。"

可见人的志向对人的一生是多么的重要，如果没有了明确的志向和目标，就会像失去土壤滋养的种子和缺少水分浇灌的种子一样不会有出人头地的机会。人生中的命运，一定是在自己的掌握之中，而前提条件必须是胸怀大志。古代有"功名威赫归掌上"的说法，就是说矢志不渝、肯于努力，敢于与命运抗争的人，才能掌控自己的人生。

相传在明朝，有一位泉州秀才梁炳麟赴京去会考。

　　考完试以后，梁炳麟自觉考得不错，心情愉快地回泉州等待放榜，途经扬州，借宿在一间天公庙里。晚上睡觉时梦到福禄寿三仙在唱词作乐，词意优雅，清晰可闻。第二天，梁炳麟起床自以为得了吉兆，就到大殿去抽签，结果他抽中的签是上上签：

三篇文章入朝廷，

中得三顶甲文魁。

功名威赫归掌上，

荣华富贵在眼前。

　　梁炳麟看后以为一定可以高中状元，就兴致勃勃回到泉州等待佳音，结果放榜时竟然名落孙山。梁炳麟心灰意冷，百思不得其解为什么神明要捉弄他。

　　后来，他借刻木偶演戏来抒发自己的情感，并自创戏文，演给乡亲娱乐，没想到大受欢迎，在泉州一带造成轰动，常有人不远千里来看他演戏。梁炳麟心里找到寄托，从此无意仕途，专心木偶雕刻、木偶戏创作、演出。

　　有一天，梁炳麟正在演一出文状元的戏时，突然想起从前抽签的签诗："功名威赫归掌上，荣华富贵在眼前"，大悟签诗中隐藏的深远含义。

　　梁炳麟自此更潜心雕刻木偶，创作木偶戏，以后发展成为布袋戏，成为布袋戏的一代宗师，他的徒子徒孙更进一步发扬他的技艺，使布袋戏成为明朝以来闽南最重要的戏剧形式，梁炳麟也因此名传青史。

人如果明确了自己的志向，就会变得意志非常坚强，不但碰到困难时不萎靡、不退缩；而且可以从与困难抗争中找到希望和力量。事实证明，在生活和事业中，千千万万的强者正是从克服困境中取得了一个又一个引人注目的成就。

那么，如何才能克服畏难心理，树立远大的志向呢？

首先，端正态度，明确信念。在困难面前能否有迎难而上的勇气，有赖于和困难拼搏的心理准备，也有赖于依靠自己的力量克服困难的坚强决心。许多人在困境中之所以变得沮丧，是因为他们原先并没有与困难作战的心理准备。当进展受挫、陷入困境时便张皇失措，或怨天尤人，或到处求援，或借酒消愁。这些做法只能徒然瓦解自己的意志和毅力，客观上是帮助困难打倒了自己。他们既然不打算依靠自己的力量去克服困难，结果，一切可以征服困难的可行计划便都被停止执行，本来能够克服的困难也变得不可克服了。还有的人，面对很强的困难不愿竭尽自己的全力，当攻不动困难时，便心安理得地寻找理由："不是我不努力，而是困难太大了。"这种"天亡我，非战之罪也"的归因所保护下来的，不是征服困难的勇气和决心，而是怯弱和灰心。不言而喻，这种人永远也找不到克服困难的方法。其实，人生的主宰就是人自己。无论失足者也好，残疾者也好，失恋者也好，落榜者也好，只要自强不息，均可挖掘出生活的甘泉。

其次，培养强大的自信。困难只能吓住那些性格软弱的人。对于真正坚强的人来说，任何困难都难以迫使他就范。人的自信是战胜畏难情绪的有力武器。当自己出现畏难情绪时，首先，可以通过积极的心理暗示，制定适宜的目标，做事循序渐进，坚定自己战胜困难的信心。

有这样一个故事：

一只捕蟹船上住着老艄公和他的儿子。常常，他们爷俩高挂桅灯，摇着一叶扁舟到海里捕蟹。那满舱的星光，满怀的明月，是老艄公岁月里恒开不败的花朵。后来，老艄公害上了眼疾，几乎致盲，但仍陪儿子下海捕蟹。

一夜，艄公父子正捕蟹，突然阴云密布，恶浪汹涌，狂烈的风哗啦一声就拍碎了桅灯，顿时，他们被卷入了黑色的旋涡，覆舟在即。

"爸爸，我辨不出方向啦！"儿子绝望地喊道。

老艄公跟跟跄跄从船舱里摸出来，推开儿子，自己掌起舵。终于，蟹船劈开风浪，靠向灯光闪烁的码头。

"爸爸，你视力不好，怎么还能辨出方向？"

"我的心里装着盏灯呢。"老艄公悠悠地说。

是的，明确了志向，等于明确了信念。老艄公不放弃努力，凭借着强大的自信，战胜了风浪，回到了自己的家。人培养自己强大的自信，是一生的功课，有自信，不管遇到什么困难和障碍，就像心中有一盏永不熄灭的灯，能走出重重迷雾，战胜各种障碍。

不要虚度了青春年华

现实生活中，人人都有梦想，都渴望成功，都希望找到一条成功的捷径。但是光有梦想没有行动，只是梦想。成功没有捷径，只有肯干、苦干，努力勤奋，才有成功的可能。南怀瑾曾引用孔子《论语》中的话告诫学生："逝者如斯夫！不舍昼夜。"即说时间珍贵，世上的一切都同流水一般，随着时间的推移，过去就过去了，不分昼夜。引申说，一方面是"长江后浪推前浪，一代新人在成长"，另一方面是"少壮不努力，老大徒伤悲"。

不虚度年华，这既是鼓励，又是鞭策。人如果虚度了青春年华，到晚年时，就只会空悲切。很多人会觉得自己正年轻，具有"年龄优势"，但"年龄优势"不会永远存在，失去了的永远不会回来，世界上没有后悔药！

一个青年去寻找深山里的智者，向他请教一些人生问题。

"请问大师，你生命中的哪一天最重要？是生日还是死日？是上山学艺的那一天，还是得道开悟的那一天？……"青年连珠炮似的问。

"都不是，生命中最重要的是今天。"智者答道。

"为什么？"青年甚为好奇："今天将要发生什么惊天动地的大事？"

"直至现在，今天什么事也没有发生，我也不知道后面将发生什么。"

"那今天重要是不是因为我的来访？"

"即使今天没有任何来访者，今天也仍然重要，因为今天是我拥有的唯一财富。昨天不论多么值得回忆和怀念，它都像沉船一样沉入海底了；明天不论多么灿烂辉煌，它都还没有到来；而今天不论多么平常、多么暗淡，它都在我的手里，由我自己支配。"

青年还想问，智者收住了话头："在谈论今天的重要性时，我们已经浪费了我们的'今天'，我们拥有的'今天'已经减少了许多。"

青年若有所思地点点头，然后就疾步下山了。

生命只有一次，人生不过是时间流逝的累积。假如你让今天的时光白白流逝，就等于毁掉了人生的最后一页。"白了少年头"，岂不只剩下"空悲切"的份儿吗？因此，要珍惜今天的一分一秒，因为它们一去将不复返。

东汉的时候，有个人名叫孙敬，是著名的政治家。开始因为没有什么特别的才能，加之学识浅薄，得不到朝廷的重用，连家里的亲戚也都看不起他，这种情况令他受到很大的刺激。于是他痛下决心要认真学习和钻研，并借了很多的书在家里看。他经常在自己的房间里关起门来，独自不停地读书和思考。他每天很早起床，很晚才睡觉，常常是废寝忘食。读书的时间很长，劳累了也不去休息。这样日复一日的，时间久了，疲倦得直打瞌睡。他怕这样会影响自己的读书学习，于是就想出了一个很特别的办法。我国古代时，男子的头发留得很长。他就找了一根绳子，一头牢牢地绑在房梁上，另一头则系在自己的头发上。每当他读书疲劳要打瞌睡时，头就会一低，绳子也跟着牵住了头发，这样就会把头皮扯痛，而他也就马上清醒过来了，再继续地读书学习。

这就是孙敬头悬梁的故事。

战国时候，有一个人名叫苏秦，是著名的政治家，历史上提倡合纵连横之说就是他了。但年轻的苏秦因为学问不深，曾经到秦国去游说秦王，秦王并不采纳他的意见，反而把他赶出了秦国。回到家后，家里人都对他很冷淡，瞧不起他，哥哥嫂嫂走路看见他时也都是昂着头，一副目中无人的姿态。这事对他产生了很大的刺激。于是，他下定决心，要发奋读书。他常常读书到深夜，累了，疲倦了，常打盹，想睡觉。他想出了一个方法，就是手里拿着一把锥子，每当要打瞌睡时，就用锥子往自己的大腿上刺一下。这样，猛然间感到疼痛，就会使自己清醒起来，再坚持读书。这是锥刺股的故事。

后来，苏秦去燕国见燕昭王，得到燕王的赏识，并接受了他合纵的策略，让他担任燕国的丞相，替燕国负责联络其他诸侯国。苏秦到其他几个国家的时候，也都被国君授为丞相，这样他就一人配七国相印了。当他骑着高头大马，穿着锦衣华服，回到家乡的时候，家里人对他恭敬不已，让他觉得前后反差极大。

这就是前倨后恭这个成语的由来了。以后人们把悬梁刺股合并为头悬梁、锥刺股，成为教育人们上进的常用词语。

上述这两个著名的故事，我们可以看出古代读书人在珍惜时间、努力学习的时候是怎样地惜时如金、用功刻苦，他们甚至用自己的血肉之躯，成就对知识的渴求，他们不让年华虚度，与时间赛跑，加大了生命的宽度。

"人生在世，珍惜时间为重。只要一息尚存，绝不松劲。"这是吴玉章同志的名句。我们确实不能放松自己对时间的把握，因为时间对任何人都是公平的，每个人都有"年龄优势"，但每个人又都不能永葆"年龄优势"不逝去，所以，要充分利用自己的"年龄优势"，并把"年龄优势"真正转化为"知识优势""才能优势"或"事业优势"，而这需要珍惜时间、分秒必争。

敏而好学，不耻下问

　　南怀瑾做学问一向秉承着"不耻下问"的态度，他的一生是学习的一生，他不仅向有学问的人学习，同时还敏而好学，不耻下问，向比自己社会地位低，在学问上不如自己，甚至自己的晚辈请教他们所专长的学问。

　　敏而好学对一般人来说，似乎还比较容易做到一些，但不耻下问就非常之难了。因为，敏而好学不外乎是聪明、勤奋罢了；而不耻下问则是要向不如我们自己的人请教，这不仅仅是个好不好学的问题，还牵涉到自尊心、虚荣心的问题。

　　现实中，如果一个人位卑、能力弱、孤陋寡闻，求教于位尊者、能力强者、见多识广者，那似乎没有什么，也不以为耻；反之，以位尊求教于位卑，以能力强求教于能力弱，以博学求教于寡闻，便立即会感到脸上不光彩，耻于开口了。所以，尽管"不耻下问"是许多人经常挂在嘴边的话，但要真正实行起来，还真得有过人的修养呢。

孔子本身是春秋时代伟大的思想家、政治家、教育家，儒家学派的创始人，人们都尊奉他为圣人。然而孔子认为，无论什么人，包括他自己，都不是生下来就有学问的，孔子在对学习的态度上历来主张"敏而好学，不耻下问"，他曾说："三人行，必有吾师焉。"意思是说：三个人一起走道，就有一个值得我取法学习的。当然，孔子所谓的取法是正反两方面吸取，选择他人的优点加以学习，知道了他人的缺点对自己加以警戒。他认为善良的人是正面老师，邪恶的人是反面老师，正反面"老师"都对人学习有益。

孔子曾把人分为"生而知之者""学而知之者""困而知之者""因而不学者"。他不认为自己是天生的天才，他说："我并不是生来什么都知道的人，只不过是爱好学习，是个勤奋去追求学问的人。"他认为即使只有十户人家的小地方，也会有他学习的内容，学习的榜样，他不同意学生们把他当作圣人，他也瞧不起那种自己什么也不懂却自以为是的人，他要求学生们"多闻""多识"。

据史书记载，孔子曾向郯国的郯子请教历史知识；也曾不远千里，西去雒邑，问礼于老子；还向鲁国的乐官师襄学琴。所以说，孔子没有固定的老师，他以能者为师，博采众家之长，从而使自己成为一代伟大的学者。

一次，孔子要去鲁国国君的祖庙参加祭祖典礼，事先他不时向人询问，差不多每个环节都问到了。有人在背后嘲笑他，说他不懂礼仪，什么都要问。孔子听到这些议论后说："对于不懂的事，问个明白，这正是我要知礼的表现啊。"

还有一回，孔子到齐国去，路上看见两个小孩正在辩论问题。

孔子一旁看了，觉得挺有趣，就对跟在身后的学生子路说："咱们再近前听听孩子们在辩论什么，好不好？"

子路撇了撇嘴说："两个黄毛小子能说出什么正经话来？"

"掌握知识可不分年龄大小。有时候，小孩子讲出的道理，比那些愚蠢自负的成年人要强得多呢！"孔子认真地说，子路一下子红了脸，不再说什么。

孔子走上前去和蔼地对两个小孩说："我叫孔丘，看见你们争辩得这么热烈，也想参加进来，你们看可不可以呀？"

"噢，原来你就是那个孔夫子呀。听说你很有学问。好吧，就请你来给我们评一评，看谁说得对！"两个孩子说。

孔子笑着说："别急，一个一个地讲。"

一个孩子说："我们在争论太阳什么时候离我们最近。我说早上近，他说中午近。你说说是谁对呢？"

孔子认真地想了一会儿说："这个问题我过去没有考虑过，不敢随便乱讲，还是先请你们把各自的理由讲一讲吧。"

一个孩子抢着说："你看，早上的太阳又大又圆，可到了中午，太阳就变小了。谁都知道：近的东西大，远的东西小。"

另一个孩子接着说："他说得不对，早上的太阳凉飕飕的，一点也不热，可中午的太阳却像开水一样烫人，当然是越近越能感觉到热，这不就说明中午的太阳近吗？"

另一个孩子说完，两个孩子一齐看着孔子说："你来评评谁对吧。"

这下可把孔子难住了，他反复想了半天，觉得两个孩子说的都有一定的道理，实在分不清谁对谁错。于是，他老老实实地承认："这个问题我回答不了，以后我向更有学问的人请教一下，再来回答你们吧。"

两个孩子听后哈哈大笑，说："人家都说孔夫子是个圣人，原来你也有回答不了的问题呀！"说完就转身跑走了。

子路看后很不服气地说："您真应该随便讲点什么，那样不就避免了被他们嘲笑吗？"

孔子却说："知之为知之，不知为不知，不知如果不老老实实承认，怎么能学到似这番有趣的知识呀。"是的，在学习上，我们知道的就说知道，不知道的就说不知道。人只有抱着诚实的态度，才能学到真正的知识。

孔子真正做到了"敏而好学，不耻下问"。

自古以来，有成就的读书人讲起学习经验，往往都会谈到"不耻下问"。南北朝时杰出的农业学家贾思勰，一生孜孜不倦，刻苦攻读，知识渊博。他撰写的《齐民要术》闻名于世。

但是，这样一位有学识的科学家，常常向当时被一些人认为最低贱的农夫羊倌求教。一些人知道后，就冷嘲热讽地说："赫赫有名的贾思勰，怎么还向农夫羊倌求教，这样做岂不太失体面了吗？"但贾思勰毫不在意，他认为人都有知识，实践知识更为重要。于是他仍坚持像小学生那样，不仅拜能者为师，更向劳动者拜师。

南怀瑾认为，敏而好学、不耻下问是中华民族的传统美德。一个人只有首先甘当学生，才能成为先生。人如果想成就某方面的造诣，一定要放下装腔作势、故弄玄虚的架子，因为人只有敏而好学、"不耻下问"，才能有所进步，达到新的高度。

京剧大师梅兰芳不仅在京剧艺术上有很深的造诣，还是丹青妙手。梅兰芳拜名画家齐白石为师，他虚心求教，每次都是执弟子之礼，为白石老人磨墨铺纸，全不因为自己是一位名演员而自傲。

有一次，齐白石和梅兰芳同到一户人家做客。白石老人先到，他布衣布鞋，其他宾朋皆社会名流，或西装革履或长袍马褂，齐白石显得有些寒酸，不引人注意。不久，梅兰芳到，主人高兴相迎，其余宾客也都蜂拥而上，一一同他握手。可梅兰芳知道齐白石也来赴宴，便四下环顾，寻找老师。忽然，他看到了冷落在一旁的白石老人，他就让开别人一只只伸过来的手，挤出人群向画家恭恭敬敬地叫了一声"老师"，向他致意问安。

在场的人见状很惊讶，齐白石更是深受感动。几天后特向梅兰芳馈赠《雪中送炭图》，并题诗道：

记得前朝享太平，布衣尊贵动公卿。

如今沦落长安市，幸有梅郎识姓名。

而梅兰芳不仅拜能者为师，像拜名画家为师，他也拜普通人为师。

有一次在演出京剧《杀惜》时，在众多喝彩叫好声中，他听到有个老年观众说"不好"。梅兰芳来不及卸装更衣，就用专车把这位老人接到家中。恭恭敬敬地对老人说："说我不好的人，是我的老师。先生说我不好，必有高见，定请赐教，学生决心亡羊补牢。"

老人指出："阎惜姣上楼和下楼的台步，按梨园规定，应是上七下八，博士为何八上八下？"梅兰芳恍然大悟，连声称谢。以后梅兰芳经常请这位老先生观看他演戏，请他指正，还尊称他为"老师"。

梅兰芳大师的行为正是对敏而好学、不耻下问最好的诠释，唐代文学大家韩愈有篇名垂千秋的文章——《师说》，里面有这样几句话："无贵无贱，无长无少，道之所存，师之所存也。"就是说比我年龄大的人，他懂得的道理自然比我早，我应向他们学习；而年龄比我小的人，他懂得的道理比我早，我也应向他学习。我是追求真理和知识，何必计较他们年龄的大小、身份地位的高低贵贱呢？在这种思想的指导下，韩愈甚至认为学生未必就不如老师，老师未必就高明于学生。他说，"闻道有先后，术业有专攻，如是而已"。韩愈的这种思想是对敏而好学、不耻下问思想的最好注脚。

古人曾说："学，然后知不足。"人们永远对世界的认识和对知识的追求是无止境的。所以，只有敏而好学、不耻下问，才能不断进步。

让我们积极行动起来吧，虚心学习，多向他人请教，这样我们就能掌握更多的知识，内心世界就会变得更加丰富。

要肯于坚持从小事做起

南怀瑾在《论语别裁》中有句话说得非常好，"狮子博物，全神贯注。"狮子是百兽之王，狮子何以会是百兽之王？因为他对任何事情都很重视、很认真，当狮子要吃猎物的时候，会使出全副的力量，不放松；当狮子抓一只小老鼠的时候，也是用全部力量，这种全力以赴的精神，就是不管小事大事，不论容易困难，都不轻敌。因为如果以为容易而轻敌往往会出毛病，而不以为容易，不轻敌，就可不松懈，做到不骄不傲。

南怀瑾关于无论做什么事，坚持从小事做起的理论，与《老子》"图难于其易，为大于其细；天下难事，必作于易；天下大事，必作于细，""合抱之木，生于毫末；九层之台，起于累土，千里之行，始于足下"等理论大同小异。

人要实现远大的理想，就要脚踏实地做事。要解决难事，一定找出突破口，找出相对简易的地方做起；而大事，一定从微细的部分开端，就如合抱的大树，生长于细小的萌芽；九层

的高台，筑起于每一堆泥土；千里的远行，从脚下第一步开始
走出去。

赵襄王向王子期学习驾车技巧，刚刚入门不久，他就要与
王子期比赛，看谁的马车跑得快。可是，他一连换了三次马，
比赛三场，每次都远远地落在王子期的后面。

赵襄王这下可不高兴了，他叫来王子期，责问道："你既
然教我驾车，为什么不将真本领完全教给我呢？你难道还想留
一手吗？"

王子期回答说："驾车的方法、技巧，我已经全部教给大
王了。只是您在运用的时候有些舍本逐末，忘却了要领。一般
说来，驾车时最重要的是使马在车辕里松紧适度，自在舒适；
而驾车人的注意力则要集中在马的身上，沉住气，驾好车，让
人与马的动作配合协调，这样才可以使车跑得快、跑得远。别
小看这些细枝末节，别认为这些小事不重要。刚才您在与我赛
车的时候，只要是稍有落后，您心里就着急，使劲鞭打奔马，
想一下子超过我；而一旦跑到了我的前面，又时常回头观望，
忽略了让人与马的动作配合协调。其实，在远距离的比赛中，
有时在前，有时落后，都是很正常的；而您呢，不论领先还是
落后，始终心情十分紧张，您的注意力几乎都集中在比赛的胜
负上了，又怎么可能去调好马、驾好车呢？这就是您三次比赛
三次落后的根本原因啊。"

人生中的每一件事情都是充满智慧和学问的，大凡成功的事，都是细小的环节做得好。人能完成困难的事，是理清了很多看似乱麻的小事，生活中"大"与"小"、"难"与"易"都是相对而言的。我们只有厘清大事与小事、容易与困难之间的联系和关系，才可以踏实地做好每一件小事和每一个环节，这样日积月累，才能自觉不自觉地做成人们所说的大事、小事和难事。

有一对以拾破烂为生的兄弟，他们天天盼着能够发大财。最终，神明竟因为他俩每一个梦都与发财有关而大受感动。

神明决定给他们一次发财的机会。

一天，兄弟俩照旧从家里出发沿着街道一起向前走去。但这条偌大的街道仿佛被人来了一次大扫除，连平日里最微小的破破烂烂都不见了踪影，路面上一寸长的小铁钉左一个右一个散落在地。

老大看到路上的铁钉，便把它们一个一个地捡了起来。

老二却对老大的行为不屑一顾，并且说："三两个小铁钉能值几个钱？"

走到了街尾，老大差不多捡到了满满一袋子的铁钉。

看到老大的成绩，老二好像若有所悟。也打算学老大那样捡一些铁钉，不管多少，最起码也能卖点钱。于是便回头再去找，可等他回头看的时候，来时路上的小铁钉，却一个都没有了，全被老大捡光了。

老二心想：没关系，反正几个铁钉也卖不了多少钱，老大的那一袋，可能连两块钱都卖不到，所以也就不觉得可惜。于是，兄弟两个继续再向前走，没多久，兄弟俩几乎同时发现街尾新开了一家收购店，门口挂着一块牌子写道："本店急收一寸长的旧铁钉，一元一枚。"

老二后悔得捶胸顿足。老大则将小铁钉换回了一大笔钱。

店主看着发愣的老二，问道："孩子，同一条路上，难道你就一个铁钉也没看到？"

老二很沮丧："我看到了啊，可我认为小铁钉不起眼，我更没想到它竟然这么值钱；等我想捡时，却连一根也找不到了。"

中国有一句话："事情就怕加起来。"还有一句话，"千里之行，始于足下。"更有一句话耳熟能详："不积小流，无以成江河；不积跬步，无以至千里。"成功的人都是非常注重细小事情的做成，因为他们认为把小事做好了，才能干成大事。而不肯从小事做起的人，其实很难成就大的事业。人需一步一个脚印地走，才有成功的希望。很多人认为自己进步的方法有很多，但见效最快的却是：做好身边的小事，为细节准备百分之二百的精力。

生活中，我们在为即将进行的工作做准备时，不论考虑得多么周全，准备得多么充分，在工作的开展过程中却不免会有意外事件的出现，这些意外事件也许相对于整体来说比重并不大，但事情的成败，有时往往就在此一举。这就像"酒与污水法则"告诉我们的一样，一滴酒滴入污水中，污水还是污水，而一滴污水滴入酒中，则酒就变成了污水。所以，事情往往就是这样，问题总是出现在你的准备工作缺少的那百分之一的细节时，而这时的问题常令你措手不及，以至为后来的不成功埋下隐患。但如果一个人能坚持多为细节做充分准备的话，就会发现做事效率提高了，能力增强了，成功变得清晰起来。不知不觉中，已经在向成功靠近了。

第二章

知行合一的中庸观念

态度中庸是一种良好的品德

南怀瑾从小浸淫中国传统文化，他提倡中庸之道，认为人如果持有中庸态度，是拥有了一种非常良好的品德。中，本是中正、中和、中行之意，庸是用、平常之意。中、庸是人生实践最常用的道，是人自我修养的基础。但是，孔子时代以前，人们只是视"中"为一具体范畴，"中"还不具有哲学方法论的意义，中、庸分用，中庸真正的连用，始于孔子。孔子不仅继承了"中"的传统思想，把它升华为观察问题、处理问题的普遍方法，而且提升了庸的思想，最终使"中庸"成为生活中一无所不在的哲学范畴。

在发现的甲骨文中，"中"字已经出现，但还未形成明确的价值观，《尚书·大禹谟》将"中"提升为重要的观念。所谓"唯精唯一，允执厥中"，意思是思想要精诚专一，办事要掌握中道，不得偏颇。后来孔子将中庸发展到大成。认为，"中庸作为一种道德准则，是至高无上的，人们应该有这种美德"。中国传统文化中至此形成了典型的中庸思想。

中庸思想的内容体现用四个字概括就是"过犹不及"。《论语》中有一段话记录了孔子学生子贡与孔子的一段对话。

子贡问孔子："子张与子夏相比，哪个好些？"

孔子回答道："师也过，高也不及。"

意思是说，在亲丧行礼方面，子张有点过分，子夏则有欠缺、不足。

接着，子贡又问孔子："那么是不是子张好一些呢？"

孔子回答"过犹不及"。

犹，是"同"的意思，"过犹不及"，说的是任何事"过了"和"不及"都不好，中庸最好。

所以，孔子认为为人处世、行动取舍都不可失度，失度便会乱套，便会坏事，便会受到惩罚。比如饮食无度，暴饮暴食或随意少饮少食，都会伤身；比如荒淫无度，贪婪无度，可能为自己招来麻烦，甚至杀身之祸；比如玩笑无度，轻者会伤感情，重者就会与人结怨。孔子认为，有度、中庸的态度，会让人们享受和谐的生活和空间。这就是"过犹不及"的中庸思想。

孔子的中庸思想在有关人的品质方面也做了相关论述。在《论语·子路》中，孔子说："不得中行而与之，必也狂狷乎！狂者进取，狷者有所不为也。"意思是说：我找不到言行中庸的人与他们交往，就只好与激进、耿介的人交往了！狂放的人锐意进取，耿介的人是不肯做坏事的。这里，孔子按人的行为分为三种：狂、狷、中行。狂者，有进取心，有较高的理想、抱负，自信，但偏激，言行不一定能一致。狷者，有所不为，谦虚谨慎，但没有很高的理想、抱负，往往守节无为。而中行，即他提倡的中庸之道了。

按西方人格论来对照，"狂"接近"外向"型人格，"狷"接近"内向"型人格。孔子认为，"狂""狷"这两种人格都不完美，最理想的人格是"中行"，也就是兼有"狂""狷"两者的优点无它们的缺点。而"中行"思想，是孔子中庸思想在人格理想上的最具体的体现。

按照孔子的中庸思想，所谓的君子就是"质胜文则野；文胜质则史。文质彬彬，然后君子"。质，指的是内在品质，也就是"内在美"。文，指文雅，文采，也就是"外在美"。史，指的是虚华无实，多饰少实。孔子的意思是：质朴多于文采就显得粗野，文采多于质朴就显得虚浮。只有文采和质朴相宜，才算得上是个真正的君子。

在处理人际关系上，孔子也始终坚持中庸的原则。孔子说："爱之欲其生，恶之欲其死。既欲其生，又欲其死，是惑也。"意思是：喜欢一个人时恨不得叫他长命百岁，一旦厌恶他又恨不得叫他马上就死。既想要他长寿，又想要他短命，这就是迷惑了。在这里，孔子认识到人的感情是容易冲动的。所以，在处理人际关系时，需要抑制感情，掌握分寸，不可意气用事，不可从一个极端走向另一个极端，这才合乎中道。

孔子以自己的行为处处事事体现中庸的原则，成为中庸思想执行的典范。在《论语·述而》中记述孔子平日待人的容貌态度时说"子温而厉，威而不猛，泰而安"，即态度温和而严厉，有威严而不凶猛，极恭敬而又安详，这是孔子待人容貌态度时中庸形象的生动写照。

孔子曾说："中庸之为德也，甚至矣乎！"就是说中庸是一种至高的德行，但也是很平常的品德，因为平常，所以是人人可实践的东西，而越是至高的，则越是难以真正实行的。孟子在评价孔子时说"仲尼不为己甚者"，是说孔子从来不做很过分的事，他严格按中庸思想处世。

孔子有弟子三千，但他只称赞颜回的为人，认为颜回能做到真正的中庸，能在各种思潮中择乎中庸。

到了老子，他的无为而治的思想内涵与孔子中庸理论基本是一致的。老子认为无为而治是顺乎自然而无所作为的，但世间又没有什么事情不为它所作为的。老子认为，君王如果能按照无为而治的"道"的原则为政治民，万事万物就会自我化育、政治清明、人民和谐。他认为世间只要用"道"，人就不会产生贪欲之心，万事万物也就没有贪欲之心了，天下便自然而然达到稳定、安宁。老子的无为而治思想言论，强调的就是，为官者要无为而治。因为做到了"无为"，实际上也就是"有为"。"无为"不仅是"有为"，而且是"有大为"。

无为而治，是老子"道"的主体。老子认为，要成大事，必须大智若愚，大勇若怯。施智用谋的上策往往产生无为、无知、无能的印象，但这样才能达到有为、有治的目的。老子的思想与他所处的时代有关，那时，天下大乱，诸侯混战，统治者横征暴敛，胡作非为，老百姓在饥饿和死亡的边缘线上挣扎，民不聊生。老子怀着对统治者的憎恨和对人民的同情，针对统治者的"有为"而提出"无为"的主张。那时统治者的"有为"就是强作妄为，贪求无厌，肆意放纵，违背自然规律、社会规律欺压百姓，百姓在沉重的税赋重压下，困苦不堪。因而，老子认为"有为"的祸害非常严重，他说"民之饥，以其上食税之多，是以饥。民之难治，以其上之有为，是以难治"（老百姓饥寒交迫，是因为统治者的苛捐杂税太多。老百姓的灾难不断，是因为统治者妄自作为，违背规律）。

此外，老子还对当时统治者不顾人民死活、过着越来越奢侈的生活提出批判，他说："朝甚除，田甚芜，仓甚虚，服文采，带利剑，厌饮食，财货有余，是谓盗乎。"这几句话，道尽了"朱门酒肉臭，路有冻死骨"的人间不平！统治者侵公肥私，过着豪华的生活，穿的是名贵服装，带的是宝刀利剑，山珍海味都吃厌了，钱财货物堆积如山，而百姓却田园荒芜，仓库空虚，家无隔夜之粮。这种情形，老子看在眼里，怎么能不感叹呢？无怪乎他要气愤地骂一句："是谓盗乎（这简直就是强盗头子！）"

老子认为统治者本是无德无能的，却偏要好大喜功，妄自作为，结果使老百姓疲于奔命，劳民伤财，造成人民的灾难。在这种情形下，统治者为政应要"无为"，应实行"无为而治"，不要过多地干涉老百姓。他说："我无为而民自化，我好静而民自正，我无事而民自富，我无欲而民自朴。"

"好静"是针对统治者的无端欺压而提出的；"无事"是针对统治者的苛政而提出的；"无欲"是针对统治者的贪欲而提出的；"无事"是针对统治者肆意妄为而提出的。老子认为，为政者应当能做到"无为而治"，有管理而不干涉，有君主而不压迫；君主应学水的本色，有功不自居，过着勤俭的生活，日理万机不贪享受，治国能顺应社会规律、时代潮流。治国应利国，制度应利众生的宪政，一旦制定颁布，就不轻易变动，让万民在颁布的宪政下自化。老子后来说的"治大国如烹小鲜"，成为千古名言，即希望人民自我发展，自我完善，慢慢地，人民就能够安平富足，社会自然能够和谐安稳。

老子认为统治者以"无为"方式来治国，并不是无所作为。就像孔子以中庸做事做人，希望人们不走极端一样。这些都是强调治国者要自己带头执行，先正己而后正人。对老百姓做事要宽容，大度，不斤斤计较，不随意制造不和谐。老子认为，无论是治国者还是普通之人，都应该以德为本，就如治流水，重在疏导，而不是堵截，这样，知行合一，仁者爱人，和谐相处，社会就会有良好的风气，孔子、老子的理论，在今天仍有借鉴的意义。

坚持与灵活的变通

任何事物都是不断发展变化的，不会一成不变，中国有句古话，"圣人不期修古，不法常古，论世之事，因为之备"。即如果不通晓事物的变化，没有合乎实际的决策，绝不会收到预期的效果。所以明智的人必须根据不同的情况求变，因循守旧、教条主义是为人处世的大敌。

南怀瑾认为，圣人不照搬古法，不墨守成规，能根据当前社会的实际情况，制定相应的政治措施。即一个人即便有超人的才能，品行廉洁，但缺乏明智而随机应变处理问题的本领，那也是不行的。

孔子很明白随机应变的重要性。他认为，不循规蹈矩是他的一大优点。他曾说："君子之于天下也，无适也，无莫也，义之与比。"就是说君子对于天下的事情，不坚持非要这样做，也不坚持非要那样做，只要怎么做能符合道义就怎么做。孔子这句话强调的是，为人处世要灵活，善于变通，千万不能过分死板，墨守成规。

史书上记载了这样一个故事：

有人问孔子说："颜渊是什么样的人？"

孔子回答说："颜渊是爱人的人，我孔丘不如他。"

又问道："子贡是什么样的人？"

孔子答道："子贡是有口才的人，我孔丘不如他。"

又问道："子路是什么样的人？"

孔子说："子路是勇敢的人。我孔丘不如他。"

那人于是质问他说："他们三个人都比您老先生贤，而他们都为您奔走效劳，这是为什么呢？"

孔子说："我孔丘能爱人又能有原则，有口才有时又言语钝拙，行为勇敢有时能胆怯。但若拿他们三人的才能，换我孔丘的本领，我是不换的。"

这个故事说明了一个道理，人是有多面性的，所以，为人处世应该灵活求变。"仁"虽是爱人，但不能一味爱人，该有原则的时候就要有原则。"忍"的时候要能"忍"，"勇"的时候要能"勇"，而需要"怯"的时候就要"怯"。有的场合需要"辩"，有的场合则需要表现出"拙"。而人不能灵活求变，不能根据实际情况处理问题，则是愚蠢的人。

唐朝中叶，安禄山发动叛乱。叛军一路上势如破竹，这一天来到了雍丘。著名将领张巡率领雍丘军民进行了积极的抵抗。

守卫战坚持了40多天，城中的箭都已用完。张巡叫士兵们扎了一千多个草人，给草人穿上黑衣，系上绳子。晚上，叫士兵提着绳子把草人从城墙上慢慢放下去。围城的叛军以为是唐军偷越出城，一阵乱箭射去。等草人身上扎满了箭，士兵们再把草人拉上城来。这样反复好多次，得到了十几万支箭。

秘密泄露出去，叛军才知道张巡用了草人借箭的计策。又一天夜里，只见又有好多人从城上吊了下去。叛军将士都哈哈大笑，嘲笑张巡愚蠢。有个将领说："张巡还想用草人来赚我们的箭呀，弟兄们，别上当啦！咱们不理它，让他们白等着吧！"

过了一阵子，有人报告城墙上的草人不见了。那个将领说："咱们不射箭，张巡准是等得不耐烦，把草人收回去了。没事啦，大家都睡觉去吧。"谁知，夜深人静的时候，叛军驻地突然跑出一支唐军，向叛军兵营杀来。城里唐军也擂鼓呐喊，要杀出城来。而叛军将士早已进入梦乡，遭到这突然袭击，立刻大乱。叛军将领从睡梦中惊醒，以为是唐朝的增援大军杀来了，不敢抵抗，慌忙下令放火，把工事壁垒一齐烧毁，然后逃跑了。原来这又是张巡用的计。这次吊下城来的不是草人，是唐军的"敢死队"。"敢死队"下城以后就找地方埋伏起来，到深夜发动突然袭击，城里再呼应助威，好像增援大军从天而降。其实"敢死队"一共才500人。等叛军惊慌逃跑，"敢死队"和城里的唐军乘胜追杀十多里，取得大胜利，才收兵回城。

　　人一旦形成了习惯的思维定式，就会习惯地顺着定式的思维思考问题。所以，生活中人一方面要有意识地破除"思维定式"；另一方面，还要充分利用别人可能产生的思维定式，灵活地处理解决生活中的难题。

　　"守株待兔"的故事大家也都知道。

　　宋国有个人在一次耕田的时候，看见一只兔子奔跑时撞到了树，碰断了脖子死了。从此他便放下手中的农具不干活，守在树边，希望再碰到死兔子。此后他再没能得到兔子，但这件事却成了宋国的一个笑话。

　　吕不韦的《吕氏春秋》也记录了一个故事，说明求变的重要性。

　　楚国人想袭击宋国，先派人在河水可以渡人的地方设立标志。不料河水突然上涨，楚国人不知这种情况，夜里依然循着标志渡河，被淹死的人有一千多个。士兵们惊皇失措，四处逃命，混乱得像城市的房屋倒塌下来一样。

　　吕不韦说，在他们早先设立标志的时候，本来可以从这里渡河。但后来水情已经发生了变化，水涨得多了，他们还是沿着没涨水时的标志渡河，这就是他们失败的原因啊！

　　精通谋略的人总是能够积极动脑，及时"制造"出急需的东西，以解燃眉之急。《围炉夜话》中指出："为人循矩度，而不见精神，则登场之傀儡也；做事守章程，而不知权变，则依样之葫芦也。"即说"不变"会致失败的道理。

北宋年间，朝廷遣能征惯战的将军狄青领兵南征。当时朝廷中主和、妥协派势力颇强，狄青所部亦有些将领怯战，有的甚至散播谣言，说什么"梦见神人指示，宋兵南征必败"。军中不少有迷信思想的官兵尽皆惶然，笃信此次南征"凶多吉少，难操胜券"，一时军心涣散。狄青虽一再训说："我军乃正义之师，战必胜，攻必克。"无奈官兵迷信思想极重，收效甚微。

为此，狄青和几员心腹大将十分忧虑。大军途经桂林，适逢大雨滂沱，一连数天，乌云蔽日，无法行军。此时军中谣言更甚，均谓出师不利，天降凶雨，旨在回师……

一天黄昏，狄青带领几员偏将冒雨巡视，路经一座古庙，见冒雨进香占卜者不少，便进庙询问。庙中和尚说，"皆因此庙神佛灵验，有求必应，故终年拜佛占卜者络绎不绝。"

狄青听罢，心中顿生妙计。次日清晨，他全身披挂，领将士入庙拜佛，虔诚地供香跪拜后，便对将士们说："本帅当众占卜一卦，欲知南征凶吉。"说毕，他请庙祝捧出百枚铜钱，说明一面涂红，一面涂黑，然后当众合掌祈祷："狄青此次出兵南征，如能大获全胜，百枚铜钱当红面向上！"只见他将铜钱一掷，落地有声，果然尽皆红色。将士们惊异万分，兴高采烈，奔走相告，一时士气大振。狄青当即下令不准再动铜钱，以免冒犯神灵，同时令心腹将士取来百枚长钉，把铜钱钉牢在地，然后对全军说道："此战必胜，乃上天助我！待班师之日，再谢神取钱吧！"

第二天雨过天晴，宋军士气高昂，直压边境。两军对阵，宋军将士无不奋勇当先，所向披靡，直把入侵者杀得丢盔弃甲，溃不成军，乖乖地立下降书，自称永不敢再犯大宋边境。

宋军班师回朝，狄青高兴地带领一班将校到古庙谢神还愿，拔钉取钱时，一位偏将忽然惊呼："奇怪，奇怪！这百枚铜钱怎么两面皆是红色？"

狄青哈哈大笑道："此举绝非神灵，乃是本将军借神佛之灵，鼓士气也！"此时大家才恍然大悟，原来狄将军私下和几位心腹将士暗将铜钱两面都涂成红色，故弄玄虚，利用将士们的迷信心理，化厌战情绪为勇战情绪，一鼓作气，最终战胜了侵略军。

南怀瑾认为在生活和工作中，人们一定要发挥自己的灵活性，这样主动性、创造性就会跟随着人们。人要养成求变和灵活变通的思维模式。当然"善变"绝非"乱变"，灵活不一定要违背道义和自然规律，"求变"和灵活变通一定要变得合理、变得有据、变得有效；同时灵活、求变也要符合现实状况，而不是不根据情况随意灵活，任意"求变"！

先行后言，多行少言

南怀瑾认为，君子和小人的区别极重要的一点是：君子多做事少说话，小人啥事没做先夸夸其谈："君子约言，小人先言。"

关于这点先贤孔子也有很多论述。《论语》中说："有一次，子贡问怎样做一个君子。"孔子说："对于你要说的话，先做，用不着你说，做完了，大家都会跟从你，顺从你。这就是君子了。"

孔子曾一再申明：君子"言之必可行"，"耻其言而过其行"。主张"讷于言而敏于行"。这里的"言"具有诺言、言论之意，它主要是指有关政治、道德、人生方面的言论；"行"主要是指道德践履和政治社会活动。孔子再三告诫弟子说话要谨慎，多做少说，要尽可能身体力行，踏实去做。孔子对"言"则认为君子应该言之有物，对于言过其实的行为应感到羞耻。他说，任何人有意义的言论都会利于提高人生修养，利于树立自己的美好形象，反之，则会给自己带来负面的影响。

郑国时子产是一个以美言善行著称的政治家。

　　子产是春秋末期出色的政治家。他当政之初，因为大胆改革，富于实干，所以得罪了一些人。于是有人就说：谁能杀了子产，我们就跟从他。

　　子产听了，不以为然。他将改革内容铸书于鼎上，作为国家的常法，同时用法律形式鼓励拓荒。三年后，郑国大有改观。很多人改变了看法，于是有人又说："我有子弟，子产教诲他们；我有田畴，子产使它们丰收。子产若是死了，谁能够继承他？"

　　子产在外交上善于辞令，闻名于各诸侯国。孔子针对他这一点，曾说过："言而没有文采，流传就不会远。"夸赞子产言语有内容和有文采。子产在内政管理上，不防民口，在有人主张对毁谤执政者处以重刑时，他坚决反对；他对于自己的执政管理也不怕别人议论，并择其正确议论作为自己管理的"药方"，这些足可看出子产对"言"与"行"的注重。也正因如此，子产死时，郑国人民如死了亲人一般，无不悲哀痛哭。

　　一个人立身处世，如果不重行为，而重视夸夸其谈，实际上是有大害而无丝毫益处的。

　　大家可能都熟悉下面这个寓言故事。

　　庄子家已经贫穷到揭不开锅的地步了，无奈之下，只好硬着头皮到监理河道的官吏家去借粮。

　　监河侯见庄子登门求助，爽快地答应借粮。他说："可以，待我收到租税后，马上借你300两银子。"

庄子听罢转喜为怒，脸都气得变了色。他愤然地对监河侯说："我昨天赶路到府上来时，半路突听呼救声。环顾四周不见人影，再观察周围，原来是在干涸的车辙里躺着一条鲫鱼。它见到我，像遇见救星般向我求救。据它称，自己原住东海，不幸沦落于车辙里，无力自拔，眼看快要干死了。请求路人给点水，救救性命。"

监河侯听了庄周的话后，问他是否给了水救助鲫鱼。

庄子白了监河侯一眼，冷冷地说："我说可以，等我到南方，劝说吴王和越王，请他们把西江的水引到你这儿来，把你接回东海老家去吧！"

监河侯听傻了眼，对庄子的救助方法感到十分荒唐："那怎么行呢？"

"是啊，鲫鱼听了我的主意，当即气得睁大了眼，说眼下断了水，没有安身之处，只需几桶水就能解困，你说的所谓引水全是空话、大话，不等把水引来，我早就成了鱼市上的干鱼啦！"

这篇寓言揭露了监河侯假大方、真吝啬的伪善面目。讽刺了监河侯说大话，讲空话，不解决实际问题的态度。

老子说："多言则穷。"意思是轻易许诺往往就会失去信用。可以说，这是对多言弊害的极好论述，所以，管好自己的嘴，因为言论一旦脱口而出，便无法再行收回，所以，人不能不慎重对待"言"啊。

古人说：多言还是招祸的弊端。十句话中对了九句，未必有人称赞，但如果有一句说错了，就会招致很多人的责备怨尤；十次计谋九次成功了，未必能得到奖赏，但若有一次计谋不成功，就很容易招致各方面的批评诽谤。所以，处世宁可沉默寡语，也不能急躁多言；宁可显得笨拙些，也不能自作聪明。

今日很多人自以为聪明，聪明大张旗鼓地"推销"自己，于是，我们看到，靠着传播媒介的"起哄"，平庸诗人发出摘冠诺贝尔的豪言；俗不可耐的小说跃居畅销书目的榜首；尚未开拍的电视剧先声夺人闹得天下沸沸扬扬。这些"忽悠"现象最终说到底，只是热闹一时的吹嘘，虚声浮名的昙花一现。人唯有懂得沉默，少说多做之人才会受人欢迎，因为他们有一双善于倾听的耳朵。当然，多言有害，不是要你不言；重实际行动，也不是要你只做不说。我们真正提倡的是：实事求是，不浮夸，不虚言；还有不言则已，一言则直指要害并实行之。这才是对待言论及行动的正确态度。

知之者不如好之者，好之者不如乐之者

　　孔子说："知之者不如好之者，好之者不如乐之者。"意思是说知道它的人不如喜好它的人，喜好它的人不如以它为乐的人。

　　南怀瑾继承了中国传统文化，强调无论是学习还是进德修业等，都要进入三种不同的境界：知道—喜好—乐在其中。

　　南怀瑾说，一个读书人为了求得高深的学问，每天都兢兢业业地苦读，这种奋发上进的求知精神固然很好，但是也不可以忽略了其中的趣味性，因为只有培养了兴趣，才能在刻苦求学的同时，享受到求学问的乐趣。《菜根谭》中写道："学者有段兢业的心思，又要有段潇洒的趣味。若一味敛束清苦，是有秋杀无春生，何以发育万物？"意思是说：一个求学问的人，既要有细密的思考、谨慎的行为、刻苦敬业的精神，又要有潇洒脱俗的高超胸怀，这样才能保持生活的情趣。假如只知一味克制约束自己，使自己过着极端清苦的生活，就只会感到生活如秋天的凛冽而毫无春天的生机，这又怎能培育万物的成长而至开花结果呢？

那么"知之"与"好知"有何区别呢？"知之"就是我们所说的知道的层次，对象外在于己，你是你，我是我，偏重于理性，往往人们不能把握自如。所以，当需要我们身体力行进行实践的时候，往往难以做到。比如说，我们都"知道"锻炼身体很有好处，很有必要，但要天天早上起来坚持锻炼身体，就很少有人能坚持做到了。

而"好知"触及情感，是由于我们的"喜好"发生兴趣而发自内心的有主动的意愿。就像遇到一位熟识的友人，又如他乡遇故知，油然而生亲切之感，但依然是外在于我，相交虽融融，但还没有达到"物我两相知"的境界。举例说，我们很多人会说自己"喜好"看书，这是真实的，但"喜好"的程度有所不同，大多数人是"好读书，不求甚解"，这本浏览浏览，那本翻阅翻阅，觉得有些累了，扔在一边，明天再看一本，这就是"好之者"。这比"知之者"已经有所进步了，但是，动力仍显不足，境界仍显不高。

真正能使自己"乐在其中"的是"乐之者"的境界。用一个最恰如其分的词语来形容，那就是"陶醉"。陶醉于其中，以"其中"为赏心乐事，就像最亲密的伙伴一样，达到物我两忘、合二而一的境界。

孔子说颜回，住在贫民窟里，用竹篮子打饭，用瓜瓢舀水喝，人们都忍受不了那种贫困，而颜回自己却乐在其中。还有孔子，发愤起来就忘记了吃饭，高兴起来就忘掉了忧愁，甚至连自己快要老了也不知道。这都是真正达到了"乐之者"的境界！

相传汉宣帝下了一道诏书，要为汉武帝立庙堂。朝中文武大臣众口一词，齐声赞同，夏侯胜却据理反对，支持他的只有丞相长史黄霸一人。结果，二人双双被弹劾入狱，宣帝还要治他们死罪。

夏侯胜是位著名的学者，研究《尚书》的专家。好学的黄霸觉得，能和这样一位博学多才的人朝夕相处真是难得，狱中无事，正是学习的大好时机。于是，他便请求夏侯胜："请你给我讲《尚书》好吗？"

夏侯胜听了，不禁苦笑道："你和我一样，都是犯下死罪的人，说不定明天就会被推出去砍掉脑袋，还有什么心思谈学问呢？再说，学了又有什么用？"

黄霸诚恳地对夏侯胜说："孔子说过，'朝闻道，夕死可矣'，如果能在生前多学一些东西，那么死的时候也会感到心满意足，没什么遗憾的。千万不要把宝贵的时间白白浪费过去啊！"

夏侯胜觉得黄霸说得很有道理，又被黄霸好学的精神所感动，便答应了黄霸的请求。于是，两个人便把生死置于脑后，专心致志地研究起《尚书》来。黄霸学而不厌，刻苦钻研，终于把深奥难懂的《尚书》吃透了。夏侯胜在教学中温故知新，又悟出许多新见解。三年以后，因事态变化，他们都被释放出狱。此时，两人的学问都比从前大有长进了。

生活中的历程如水上行舟：有时风平浪静；有时狂风巨澜；有时顺流而下，一泻千里；有时狂澜如山，迂回曲折。而"乐之"是以热爱真理、热爱生活为前提的，它能使人更加热烈地拥抱生命，更加深刻地理解生活。一个有着"乐之"精神的人，他的生活道路再曲折，再坎坷，也不会被生活的逆境所征服，相反，他能以自己热烈的情感去积极地生活，成为生活中真正的主人。

历史上，许多科学大师、文坛巨擘、实业巨子和在各领域中获得成功的人才，都是从"乐之"的兴趣和爱好起步的。可以说，这差不多是所有成功者的必经之路。"乐之"的动力是一个人最自觉和最持久的动力，有了这种浓烈的"乐之"兴趣，不用任何人推波助澜，他能自动自发自主地调动自己的精力，全力以赴、全身心地投入到学习和创造中。"乐之"有时比理想、抱负更容易焕发人的积极性和创造热忱，更容易凝聚人的意志、毅力。它具有化苦为乐的奇功。它是一种威力无比的潜能，是创造的激发器，是一个人上进持久的动力。

浓烈的"乐之"兴趣，也是人才成长的起点，能引导人向知识的纵深领域进军，能使人们的注意力高度集中，将奋斗者推向事业的彼岸。科学家杨振宁曾对上海一家杂志采访他谈自己的体会："这篇文章在介绍我的生平时有一个小标题叫作'终日计算，沉思苦想'。他们没有征求我的意见，我不同意，尤其不同意这个'苦'字。什么叫'苦'？自己不愿意做，又因为外界压力非做不可，这才叫'苦'。我做物理学的研究没有'苦'的概念，我觉得物理学是非常引人入胜的，它的吸引力是不可抗拒的。如果外人觉得一个人研究物理很苦，那就大错特错了。"

杨振宁教授的话就是我们现实中对"知之者不如好之者，好之者不如乐之者"的最好诠释。所以，我们不管做什么，既要培养较广泛的兴趣，同时又要从中确定一个中心兴趣并坚持发展下去，使其达到"乐之"的境界，这样才能使我们在某一方面有所建树，不断产生新的成绩。人自"知之—好知—乐之"，从而走向成功，"知之—好之—乐之"也是人成长成材的一条不变法则，这条法则能指引人尽快向成功迈进。

藏器于身，练好本领

南怀瑾说：人一定要注意藏器于身。藏器于身就是人要有自己独有的本领，或在某个方面成为专才。当然，"有器"要不张狂，不肆意显露。

中国传统文化对人的能力特别看重，孔子认为君子是有大能力的，不仅有办事的能力，还具有不显山不露水的藏器于身的本领，并保持低调的姿态，这是很不容易的。《论语》中说："不患无位，患所以立。不患莫己知，求为可知也。"就是说："不担心没有官位，只担心没有立足的东西。不担心没有人知道自己，只求自己值得别人尊重。"南怀瑾深受传统文化浸染，也认为一个人要想成就一番事业，非要有自己的"本领"不可，绝不能事事、处处靠别人扶助、帮助。

从前有位制琴技师，名字叫工之侨。一次，他得到一段质地优良的梧桐木。他用这段木头精心制作了一张琴，安上弦以后，弹出的琴声叮咚作响，如行云流水，又像金玉撞击，动听极了。

工之侨自认为这是天下最好的一张琴了，就把它献给朝廷的乐官。

乐官让乐工来鉴定。乐工们一看，都把头摇得像拨浪鼓似的，说："这张琴不是古琴！"就把琴退还给工之侨。

工之侨回到家里，请漆匠在琴身上画了一条条断裂纹，又请书法家在琴身上刻写了古字，然后，用匣装好，把琴埋在土里。

一年以后，工之侨把琴从地下挖掘出来，打开匣盖一看，只见琴身上长满了绿苔和一块块霉斑。工之侨便带着这张琴到市场上去卖。

一个阔人用高价买走了这把琴，当作珍宝献给朝廷的乐官。那些乐工们打开琴匣一看，都把头点得像鸡啄米似的，连声称赞说："好琴，好琴，这是一张地地道道的古琴，真是世上少有的珍宝啊！"

琴没有变，但做了个假，便身价百倍了。所以，判断一种东西的价值，不能只看外表，不看实质和功用；否则，就是徒有其表，华而不实。

传说老子骑青牛过函谷关，在函谷府衙为府尹留下洋洋五千言的《道德经》时，一年逾百岁、鹤发童颜的老翁招招摇摇到府衙找到他。

老翁对老子略略施了个礼说："听说先生博学多才，老朽愿向您讨教个明白。"

老子说："您讲。"

老翁得意地说："我今年已经一百〇六岁了。说实在话，我从年少时直到现在，一直是游手好闲地轻松度日。与我同龄的人都纷纷作古，他们开垦百亩沃田却没有一席之地，建了四舍屋宇却落身于荒野郊外的孤坟。而我呢，虽一生不稼不穑，却还吃着五谷；虽没置过片砖只瓦，却仍然居住在避风挡雨的房舍中。先生，是不是我现在可以嘲笑他们忙忙碌碌劳作一生，只是给自己换来一个早逝呢？"

老子听了，微然一笑，对府尹说："请找一块砖头和一块石头来。"

砖头、石头找来了，老子将砖头和石头放在老翁面前说："如果只能择其一，仙翁您是要砖头还是愿取石头？"

老翁得意地将砖头取来放在自己的面前说："我当然择取砖头。"

老子抚须笑着问老翁："为什么呢？"

老翁指着石头说："这石头没棱没角，取它何用？而砖头却用得着呢。"

老子又招呼围观的众人问："大家是要石头还是要砖头？"众人都纷纷说要砖头而不取石头。

老子又回过头来问老翁："是石头寿命长呢，还是砖头寿命长？"老翁说："当然石头了。"

老子释然而笑说："石头寿命长，人们却不择它；砖头寿命短，人们却择它，不过是有用和没用罢了。天地万物莫不如此。寿命虽短，于人于天有益，天人皆择之，皆念之，短亦不短；寿命虽长，于人于天无用，天人皆摒弃，倏忽忘之，长亦是短啊。"

孔子后来听说此事后，对此深有感触地说："不患人之不己知，患其不能也。"这是说：不要怕别人不知道自己，只怕自己没有能耐。不怕自己没有职位，怕的是自己没有能够任职的才能；不怕人家不了解自己，问题是要使自己有可以为别人知道的才能本领。

还有这样一则寓言：

一个命途多舛的人又一次遇上了危难，他四处求告，但是没有一个人愿意向他伸出援助之手，哪怕他提出一点微不足道的小小要求，都会遭到人们的断然拒绝。

绝望之中，他暗暗祈求神明："神明啊，也许只有你才能保佑我了！"

被他的诚意感动，这天夜里，神明给他托了一个梦。

"孩子，我会保佑你的。"神明抚摸着他的头，轻声对他说。

"既然保佑我，你明天就现身吧，让我真实地看见你的存在，哪怕只让我看见一分钟！"他说道。

"好的，我明天一定现身。不过，我不会以我的真身出现，我会以一个化身出现。明天早晨起来，你看到的第一个人就是我。"

为了看见神明，他第二天早早就起床了。

洗漱完毕，他到镜子前梳头。

他从那面镜子里看到了自己的影子，跟梦中的那个神明还真有些相似。

"原来，神明就是我，我就是神明！"

从此以后，他获得了自信。

自信改变了他的一切，他的运气开始好转了，人际关系变融洽了，一切似乎都比过去顺利多了。最让他感到奇怪的是，当他脸上写满自信的时候，那些曾经拒绝过他的人也乐意帮助他了。

可见，能力是成功的可靠保障。一个人在依赖他人时，无法感觉到自己是一个"完全的人""独立的人"，只有当他可以绝对自立自强时，他身上的潜能才能发挥出来，他才能不靠他人就能做出"大事"来。

所以，藏器于身，不断提高自己的能力是唯一有效的途径。

需要强调的是，人有了能力不能自高自大，一定要谦虚谨慎，戒骄戒躁，低调行事。藏器于身藏的哪些"器"呢，什么才是藏器于身呢？为什么人要藏器呢？南怀瑾认为，"器"是指个人的能力或者在某一方面或者某些方面能够有自己的所长。

但"器"又从何而来呢？从学习和实践中来——不仅学习书本上的理论知识，还要将之付诸实践，在实践中把知识转化为自己的能力。人有了"器"就有了生存的本领。但为什么要"藏器"呢？这是因为人要懂得"藏"的道理，"藏"字就是深藏不露的意思，就是说不要过于表露，人有"器"不用可以，但不可"无器"。有些人自认为自己"老子天下第一"很有能力，不懂得去隐藏自己的"器"，到处锋芒毕露，骄傲自大，这样的结果是自己的"器"不仅伤害自己，也会伤害他人。

所以做人一定要谨慎，不要张狂，不要自以为是，要知山外有山，人外有人。山不言自厚，海不言自深。做人处事要谦虚，要知道将"器"藏起来，该出手时则出手，将"器'用在当用的地方，用完后还要记得再将它收起来。懂得藏器的人，大多具有谦虚谨慎品格，不喜欢装模作样，摆架子，盛气凌人，他们能够虚心向他人学习，懂得时时掌握多器于身的道理。

美国第三届总统托马斯·杰斐逊提出："每个人都是你的老师。"杰斐逊出身贵族，他的父亲曾经是军中的上将，母亲是名门之后。当时的贵族除了发号施令以外，很少与平民百姓交往，他们看不起平民百姓。然而，杰斐逊没有秉承贵族阶层的恶习，而是主动与各阶层人士交往。他的朋友中当然不乏社会名流，但更多的是普通的园丁、仆人、农民或者是贫穷的工人。他善于向各种人学习，懂得每个人都有自己的长处。有一次，他和法国伟人拉法叶特说："你必须像我一样到民众家去走一走，看一看他们的菜碗，尝一尝他们吃的面包，只要你这样做了的话，你就会了解到民众不满的原因，并会懂得正在酝酿的法国革命的意义了。"由于杰斐逊作风扎实，深入实际，虽高居总统宝座，却很清楚民众在想什么，需要什么。他的一生永远都在密切大众关系，进而成为一代伟人。

练好本领非常重要，但藏器于身也是人的美德，尤其是取得成功的关键因素之一。所以，我们每个人都应该练好本领、养成藏器于身的谦虚的态度。

未雨绸缪

　　中国有个成语，"未雨绸缪"，是指天未下雨时，先把门窗修缮好。典故来源为周武王率军灭了商朝后，把有功之臣分封到各地去做诸侯，留下周公在朝辅政。武王死，年幼的成王在周公的扶持下管理朝政。有人散布谣言说周公要废成王，自己掌权，周公表示要像鸟儿那样未雨绸缪，整顿朝政，肃清叛乱，然后自己退隐。此成语的出处系《诗经·豳风·鸱号》：迨天之未阴雨，彻彼桑土，绸缪牖户。现比喻做事要事先做好准备工作。

　　"未雨绸缪"的思想一直是中国人治世的名言。《易·既济·象》"君子以思患而预防之"，《商君书·更法》"知者见于未萌"，清代朱柏庐《治家格言》也有"宜未雨而绸缪，毋临渴而掘井"等，均说明人要拥有长远的目光，要有防患于未然的思想。圣贤孔子更是认为，一个人没有长远的考虑，一定会有近在眼前的忧患。

南怀瑾继承中华传统，在认为一个人只有深谋远虑、"未雨绸缪"的基础上，还应从整体上分析和进行判断，顾全大局，这样才能做出正确的选择和决策。如果目光短浅，看不到长远，就容易在思想上、行为上偏激或顾此失彼。

舜的父亲在舜母亡后，又娶了第二个妻子，生了个名叫象的儿子。父亲偏爱后妻生的儿子象，千方百计要把舜杀掉。

及至舜长大成人，尧帝把自己的两个女儿嫁给他，并赐给家产，试图立舜为自己的继承人。但舜父杀舜之心依然未死，企图把舜的财产和妻子夺过来给象。一次父亲要舜到仓顶上修理粉刷。趁舜不注意，就偷偷地在下面纵火烧仓。而舜则早有防备，马上用衣服裹着身子跳了下来，免了一死。

后来，父亲又要舜去挖水井，舜遵命掘了一口深井，并悄悄在下面的井壁上掘了个通往外面的暗道。一天，当舜还在井下掘土时，父亲与象密谋，一起把土往井里填，企图把舜埋在井底。当把井填满后，父子俩非常高兴，以为舜必死无疑。于是就去舜住的居室瓜分财产和妻室。岂料舜却从外面回来了，使他们惊愕不已。

舜有着宽阔的胸襟，对父母弟弟加害自己之事未予计较，并更加谨慎地处理父子兄弟间的关系，舜的"远虑"，"未雨绸缪"，使舜躲过多次暗箭，最终有机会继承帝位，成为一代明君。

人无远虑，必有近忧。意即人要有长远考虑。下面的这个历史故事则是一个发人深省的"反面教材"，让我们看到只为眼前的蝇头小利沾沾自喜的人的目光短浅和可悲之处。

春秋时期，晋国是一个大国，它的旁边有两个小国，一个是虞国，一个是虢国。这两个小国是邻国，国君又都姓姬，因此关系非常密切。

虢国和晋国接壤的地方经常发生冲突，于是晋献公想灭掉虢国。但是他刚说出这个想法，大夫荀息就劝他说："虞国和虢国两国唇齿相依，如果我们攻打虢国，虞国肯定会出兵救援，这样我们不一定能占什么便宜。"晋献公问："难道我们拿虢国没办法了吗？"荀息给晋献公出了一条计策："虢公荒淫好色，我们可以送给他一些美貌的歌女舞女，这样他就会纵情享乐，荒疏政务，我们就有机会攻打他们了。"于是晋献公就派人送了一些歌女舞女给虢公。

虢公大喜，果然成天荒淫享乐，不理朝政。晋献公问荀息，"现在可以攻打虢国了吗？"荀息说："如果我们现在攻打虢国，虞国还是会出兵救援，还得用计离间他们。攻打虢国要经过虞国，我们可以向虞公送上一份厚礼，向虞国借道，这样他们两国就会互相猜疑，我们就可以从中取利了。"

晋献公一狠心，把晋国的国宝一匹千里马和一对价值很高的白璧作为礼物，派荀息送给虞公。荀息到了虞国，奉上礼物，虞公看着殿前的这匹千里马，只见它身长一丈五尺开外，高一丈有余，通体洁白并无一根杂毛，马头高高地仰着，气宇轩昂，似乎随时都能乘风而去，这匹马果然不比凡马。荀息见虞公看得两眼发直，在一旁说："这匹千里马日行千里，夜走八百，乃是我们晋国的国宝，"虞公听了不停地点头。荀息对虞公说："您再看看这对白璧，色泽白净如羊脂，拿在手里观赏，宝光夺目，温润可人，这么大的白璧没有一点瑕疵，雕琢得浑然天成，这也是我们晋国的国宝。"虞公把白璧拿在手里细细赏玩，看得眼珠子都要掉出来了。这时他唯恐荀息再把这些宝物要回去，急忙问荀息："贵国送我这两件宝物，是不是有什么事要我帮忙？"荀息恭恭敬敬地说："我们要讨伐虢国，想要向贵国借一条道，如果我们打胜了，所有的战利品都送给贵国。"虞公一听，晋国的条件对虞国来说简直不费吹灰之力，赶忙满口答应下来。

事后，大夫宫之奇劝谏虞公道："且慢，此事万万不可答应，虢国和我国是近邻，有事互相照应，两国的关系就好比嘴唇和牙齿，嘴唇要是没了，牙齿就会觉得寒冷；要是虢国被消灭了，我们虞国也就危险了。"

虞公所有的心思都在这两件宝物上，哪能把咽进嘴里的美味再吐出来？虞公心里知道宫之奇说得有道理，但是他看看那匹神骏的千里马，再看看案子上温润无瑕的白璧，沉吟了一会儿说："晋侯把国宝都送给我们了，可见他们的诚意，虽然失去虢国这个朋友，但结交强大的晋国，这对虞国来说还是很有利的啊。"宫之奇还想再劝谏，站在他身边的大夫百里奚把他制止了。

散朝之后，宫之奇问百里奚："晋国送我们礼物，明显是不安好心，你为什么不让我劝谏国君？"百里奚回答："你看国君对那两件宝物那么着迷，他哪会听你的话？你这是把珍珠扔到地上啊。"宫之奇预见到虞国很快就要遭到灭顶之灾，于是悄悄地举家潜逃了。

过了不久，晋献公派大将里克和荀息带领大军讨伐虢国，晋军借道经过虞国的时候，虞公还亲自出来迎接，他对里克说："为感谢贵国的盛情，我愿意带兵助战。"荀息回答道："您要是愿意帮助我们，那就帮我们骗开虢国的关卡吧。"虞公按照荀息的计策，带兵假装援助虢国，帮晋军骗开了虢国的关卡，晋国大军很快就灭了虢国。里克分了很多战利品给虞公，虞公看到一车车的金银珠宝和美女，乐得嘴都合不拢了。而里克借机说要把大军驻扎在虞国都城外休息几天。虞公同意了。

有一天，有人报告虞公："晋献公到城外了。"虞公赶忙驱车出城迎接，两位国君一见面，晋献公对虞公说："这次灭虢国，贵国对我们的帮助很大。现在我特地前来致谢，今日天气晴朗，我们一起去打猎如何？"虞公很高兴地答应了，晋献公又说："围猎必须多派些人同去，贵国士兵熟悉本地的地形，还请您多带些人。"虞公把全城的兵马都调出城打猎，他们高兴地在围场上打猎，忽然看见百里奚飞驰而至，他急匆匆地对虞公说："出事了，您赶快回去吧！"虞公赶忙回城，到城门边一看，城门紧闭，吊桥高悬，城门楼上闪出一员晋军大将，他得意扬扬地对虞公说："上次多谢你们借道让我们灭了虢国，现在我们顺手把你们虞国也灭了。"

虞公一听，吓得面如土色，他回头一看，身边只剩下百里奚了，虞公想起当初宫之奇劝谏自己的话，后悔不迭地对百里奚说："当初宫大夫良言相劝，我怎么就不听呢？唉，果然是唇亡齿寒啊！"

这时候，晋献公的人马也到了，他见到虞公眉开眼笑地说："我这次到虞国来，就是要亲手取回我们的两件宝贝的。"

虞公由于目光短浅，见利眼开，不仅没有保住自己的地位，国家也丢了。

南怀瑾认为做人一定要目光长远，不能总看眼前的事物，忘记了积极奋斗的远景目标，更不能贪图小利，害怕吃亏，要以客观的态度正确看待事物，把握全局，正确预见未来，做出科学的决策，采取正确的行动，否则，就只有落得像虞公一样的下场。

第三章

忧国忧民，提高修养

追求高尚的美德

南怀瑾认为，使人高贵的是人具有的高尚品德。一个人要想获得他人敬仰，最重要的就是品德高尚。而贫贱不移，威武不屈，坚忍不拔，这些品质是人们一生应该追求的美德，尤其在面对困境或经历坎坷的时候，具有高尚品德的人总是能够固守崇高的节操，坚守自己的底线。

中国古代思想家对个人的道德修养一直给予特别的关注，把它作为政治学说和人生理论的一个重要组成部分，把德行与事业看作是人生追求中不可分割的关联方面，强调有德是立业的基础。认为创事业如果不注重品德，就打不下好的根基。

孔子心目中的贤才，首先要求是道德上的君子，而不是苟苟营利的人。孔子说："君子以天下之公利为其利，不以个人私利为利。"就是说一个人首先应当对国家忠心耿耿，诚实守信，厚道仁爱，其次才是他的才能。所以，我们了解一个人要先知道他是否是道德上的君子，然后才能去亲近他，信任他。

这就叫"亲仁而使能"。在孔子心目中，周代的文武之道是迄今为止最为完美的典章制度，他认为贤者应通晓文武之道。通晓文武之道就是知仁知义。孔子所希望的人才用今天的话来说，应是德才兼备，以德为主的人才。这样的人才既可造福社会，也可造福人民。所以说，品德虽不可能代表一个人的才能，但它可以决定才能的使用之当与不当。

那么什么是君子的高尚美德呢？有这样一个历史故事或许可以给我们启示：

一天，西域来了一个经商的人。他将珠宝拿到集市上出售。这些珠宝琳琅满目，都价值不菲。特别是其中有一颗名叫"珊"的宝珠更是引人注目。它的颜色纯正赤红，就像朱红色的樱桃一般，直径有一寸，价值高达数十万钱，引来了许多人围观，大家都啧啧称奇，赞叹道："这可真是宝贝啊！"

恰好龙门子这天也来逛集市，见了好多人围着什么议论纷纷，便也带着弟子挤进了人群。

龙门子仔仔细细地瞧了瞧宝珠，开口问道："珊可以拿来填饱肚子吗？"

商人回答说："不能。"

龙门子又问："那它可以治病吗？"

商人又回答说："不能。"

龙门子接着问："那它能够驱除灾祸吗？"

商人还是回答："不能。"

龙门子又问："那它能使人孝悌吗？"

商人回答仍是："不能。"

龙门子说道："真奇怪，这颗珠子什么用都没有，价钱却高达数十万，这是为什么呢？"

商人说："这是因为它产在很远很远没有人烟的地方，要动用大量的人力物力，历经不少艰险，吃不少苦头，好不容易才能得到它，它是非常稀罕的宝贝啊！"

龙门子听了，只是笑了笑，什么也没说便离开了。

龙门子的弟子郑渊对老师的问话很不解，不禁向他请教。龙门子便教导他说："古人曾经说过，黄金虽然是重宝，但是人吞了它就会死，就是它的粉末掉进人的眼睛里也会致人眼瞎。我已经很久不去追求这些宝贝了，但是我身上也有贵重的宝贝，它的价值绝不止数十万，而且水不能淹没它，火也烧毁不了它，风吹日晒都丝毫无法损坏它，用它可以使天下安定，不用它则可以使我自身舒适安然。人们对这样的至宝不知道朝夕去追求，却把寻求自然界珠宝当作唯一要紧的事，这岂不是舍近求远？看来人心已死了很久了！"

弟子说，"那您身上的宝物是什么呢？"

龙门子说："至宝，就是人们自身的美德。因为只有高尚的道德品质、完美的精神生活，才是真正值得人们去追求的无价之宝。"

《老子》中说："上德不德，是以有德；下德不失德，是以无德。上德无为而无以为；下德无为而有以为。上仁为之而无以为；上义为之而有以为。上礼为之而莫之应，则攘臂而扔之。故失道而后德，失德而后仁，失仁而后义，失义而后礼。夫礼者，忠信之薄，而乱之首。前识者，道之华，而愚之始。是以大丈夫处其厚，不居其薄；处其实，不居其华。故去彼取此。"

老子这些话的主旨，就是告诉我们为人处世，首先要知道如何提高自身的品德和素质。人的一生必定注重自身品德的修养。因为自身的品德和素质关系到能否立足于社会，应付自如地处理各种人生问题，实现人生的理想和价值。

《菜根谭》中说："文章做到极处，无有他奇，只是恰好；人品做到极处，无有他异，只是本然。"古人所谓"有欲甚则邪心胜""君子坦荡荡，小人长戚戚"等，与老子之话异曲同工，说的都是做人要真诚、正直，要有高尚的品德。

阳虎的学生在天下为官的比比皆是。可是有一次，阳虎在卫国却遭到官府通缉，他四处逃避，最后逃到北方的晋国，投奔到赵简子门下。

见阳虎丧魂落魄的样子，赵简子问他说："你怎么变成这样子呢？"

阳虎伤心地说："从今以后，我发誓再也不培养人了。"

赵简子问："这是为什么呢？"

阳虎懊丧地说："许多年来，我辛辛苦苦地培养了那么多人才，直至在当朝大臣中，经我培养的人已超过半数；在地方官吏中，经我培养的人也超过半数；那些镇守边关的将士中，经我培养的同样超过半数。可是没想到，就是由我亲手培养出来的人，他们在朝廷做大臣的，离间我和君王的关系；做地方官吏的，无中生有地在百姓中败坏我的名声；更有甚者，那些领兵守境的，竟亲自带兵来追捕我。想起来真让人寒心哪！"

赵简子听后，深有感触。他对阳虎说："只有品德好的人，才会知恩图报；而那些品德差的人，是不会有感恩之心的。你当初在培养他们的时候，没有注意挑选本质好、品德好的人加以培养，才落得今天这个结果。比方说，如果栽培的是桃李，那么，除了夏天你可以在它的树荫下乘凉休息外，秋天还可以收获那鲜美的果实；如果你种下的是蒺藜呢，不仅夏天乘不了凉，到秋天你也只能收到扎手的刺。在我看来，你所栽种的都是些蒺藜呀！所以，你应记住这个教训，在培养人才之前就要对他们进行认真选择，否则，等到培养完了再去选择，就已经晚了。"

阳虎听了赵简子一番话，点头称是。

人的品德比才能更为重要，这是实践证明了的。所以，在生活中，我们一定要重视对自己品德的培养和教育。同时，在选择交往和处世对象的时候，一定不可忽视了对方的品德。

修身养性，选择和有仁德的人在一起

生活中，很多人都是有理想和有追求的人，毕竟毫无理想追求、浑浑噩噩过日子的人是少数。南怀瑾一生著书育人，认为修身养性，选择和有仁德的人在一起非常重要。他曾说，生活中，很多人认为修身养性就可以了，而选择和有仁德的人在一起不重要，于是不重视修德。修德对一个人来讲，十分重要，那些怀才不遇者、愤世嫉俗者大多是放松了对自己修养的要求，还有些志大才疏者，对生活中的矛盾和挫折缺乏适应能力、承受能力和临机处置的能力，结果理想追求和自己的思想、知识、能力相矛盾，难免在现实生活中屡屡碰壁。这说明无论人处于何种社会，有知识不等同于有修养，有能力不等于有仁德，一个人如果不以修身修德为本，不把全面提高自身的素质放在第一位，就不能成为德才兼备的君子。

中国古人历来推崇修身养性，《老子》言："我有三宝，持而保之，一曰慈，二曰俭，三曰不敢为天下先。慈故能勇，俭故能广，不敢为天下先故能成器长。"就是说我有三件法宝，执守而且保全它：第一件叫作慈爱；第二件叫作俭啬；第三件是不敢居于天下人的前面。有了这柔慈，所以能勇武；有了这俭啬，所以能大方；而不敢居于天下人之先，所以能成为万物的首长。

老子的道德水平很高，但仍经常告诫自己，要注重修德。老子在其著作《老子》中说："胜人者有力，自胜者强。"就是说能战胜别人虽是有力量的，但能克制自己才算真正的强大。对此孔子也说，人的本性是相近的，差不多的，但由于环境不同，人与人之间的习性会发生重大差异。这种"差异性"，在人与人之间无多大区别，是人的原始本性。"习性"，一般指后天之性，是人性社会化的结果。孔子认为后天修"习"最为重要，而跟有仁德的人常在一起，更是对自己有很好的帮助。孔子多次对其弟子讲述了环境对人后天之"习"的影响。他强调，居住的地方要认真选择；交往的朋友，也要审慎地进行筛选。

"孟母三迁"的故事，充分地说明了古人对孔子的修身养性、选择和有仁德的人在一起的"里仁为美"思想的高度重视而采取的"择邻而居"的行动。

孟子小时候，也和一般的孩子一样，很顽皮，很贪玩，不愿学习，整天和小朋友打打闹闹。他的母亲为了他的教育问题，时常感到苦恼，可说是用尽了苦心。

　　最初，他们的家住在一所公墓的附近。由于耳听目看，经常接触的缘故，孟子和邻居小朋友都学会了祭祀。于是，他们在没事可做的时候，便聚在一起，模仿那些出殡送葬的人，又哭又号，又跪又拜的，玩处理丧事的游戏。

　　孟子的母亲发现了以后，连连摇头说："唉！这个地方怎么能继续住下去呢？"

　　于是，他们就搬家了。第一回搬到街市里来了，离一个热闹的集市不远。由于孟子和邻居小朋友经常出入市场，甚至在市场里玩，因此很快就学会大人做买卖那一套，你装买主，我装卖主，你吹牛，我夸口，把商人那种招揽客人的模样，学得惟妙惟肖。

　　孟子的母亲看了儿子学成这样，又皱眉头，连说："不行，这地方也不行，还得搬家。"

　　于是，她又开始东奔西走选择住处。

　　这一次，他们母子的新居搬到了一所学校的附近，孟子耳闻目睹的都是学校中的事，于是学着和学生们一起读书，一起游戏，很快，孟子就变成了一个彬彬有礼、勤奋好学的好孩子了。

　　孟子的母亲看到自己的孩子孜孜不倦地用心读书，会心地笑了，她非常满意这次搬迁，自言自语道："这才是适合居住的地方啊！"

　　从这个故事中，我们可以看出孟母确实是一位很了不起的人，她深知一个人的才智不是天生的，需要经过后天的学习和锻炼。她重视环境对人的成长的重要作用，尤其认为选择和有仁德的人住在一起的重要性，"里人之美"的思想让她三迁，正是这"三迁"，孟子后来成为了"亚圣"。

下面的这个"高价买邻"的故事，也印证了古人对锻造人格修养的重视。

南朝时候，有个叫吕僧珍的人，生性诚恳老实，又是饱学之士，待人忠实厚道，从不跟人家耍心眼。吕僧珍的家教极严，他对每一个晚辈都耐心教导、严格要求、注意监督，所以他家形成了优良的家风，家庭中的每一个成员都待人和气、品行端正。吕僧珍家的好名声远近闻名。

南康郡守季雅是个正直的人，他为官清正耿直，秉公执法，从来不愿屈服于达官贵人的威胁利诱，为此他得罪了很多人，一些大官僚都视他为眼中钉、肉中刺，总想除去他。终于，季雅被革了职。

季雅被罢官以后，一家人只好从宽大的府第搬了出来。到哪里去住呢？季雅不愿随随便便地找个地方住下，他颇费了一番心思，离开住所，四处打听，看哪里的住所最符合他的心愿。

很快，他就从别人口中得知，吕僧珍家是一个君子之家，家风极好，他不禁大喜。季雅来到吕家附近，发现吕家子弟个个温文尔雅，知书达理，果然名不虚传。说来也巧，吕家隔壁的人家要搬到别的地方去，正打算把房子卖掉。

季雅赶快去找这家要卖房子的主人，愿意出高价买房，那家人很是满意，二话不说就答应了。

于是季雅将家眷接来，就在这里住下了。

吕僧珍过来拜访这家新邻居。两人寒暄一番，谈了一会儿话，吕僧珍问季雅："先生买这幢宅院，花了多少钱呢？"季雅据实回答。吕僧珍很吃惊："据我所知，这处宅院已不算新了，也不很大，怎么价钱如此之高呢？"

季雅笑了，回答说："我这钱里面，十分之一是用来买宅院的，十分之九是用来买您这位道德高尚、治家严谨的好邻居的啊！"

季雅宁肯出高得惊人的价钱，也要选一个好邻居，这是因为他知道好邻居会给他的家庭带来良好的影响。可见"近朱者赤"的重要。很多人不认为环境重要，但环境虽是外在的，对于人各方面的影响力却不容忽视，有句话说，"物以类聚，人以群分"，纵观社会，成功者的身边总是围绕着同样成功的人士，差别只是成就的大小；散漫者的圈子里大都是散漫的人；而失败者也总是与失败者为伍。

人一定要认识到提高自我修养的重要性，所以，我们应当万分珍惜身边的良师益友；同时，我们更要努力采取积极、主动的行动，和品德高尚者为伍，多接近具有正能量的人，多接触成功人士或多阅读他们的成功传记，相信你这样做了之后，对你日后成为有德之人会有莫大的影响。

享福不忘造福，肯为他人真心付出

《老子》中说，"圣人不积，既以为人己愈有，既以与人己愈多。天之道，利而不害。圣人之道，为而不争。"就是说圣人是不存占有之心的，他总是尽力照顾别人，所以他自己内心充足；由于他尽力给予别人，在"给"的同时，自己也会得到更多。自然的规律是让万事万物都得到好处，而不伤害它们。圣人的行为准则是，做什么事都不跟别人争夺。老子的这段话是以一种"既以为人""既以与人"的无私真爱赢得人心，从而取得"己愈有""己愈多"的结果。

南怀瑾认为，"为人"、"与人"，和"己愈有"、"己愈多"，是矛盾对立面；从"为人"、"与人"到"己愈多"、"己愈有"，是对立面的转化，是"反者道之动"。但是，这个转化是有条件的。这个条件就是付出真情、真爱，亦即"既以为人"，"既以与人"。

人生在世，与人相处，难以回避的就是利益问题。利益问题处理不好，极容易使人陷于困境，也可以说真正的困境不是他人造成的，是自己人为造成的，所以朋友之间，或者合作伙伴之间，无论你给予与付出，都应该是持不计较的心态，都应该有大的胸怀大的气量。

很多人习惯了"有付出就应有回报"的做法。遇到需要自己付出的时候，总是会在心里计算着，我所要付出的那些能够换回来什么？换回来的那些东西比得上我付出的价值吗？如果认为得到的比预期的要少，必定会闷闷不乐。如果认为付出了很高的代价却一无所获时，更是悲愤莫名，要么怨别人不知道感恩，要么怨上天不公平。其实，人所有的付出都是自己的决定，是自己的自愿行为，而回报却是别人的事儿，人只能掌控自己的心，不能要求他人顺从自己。

成拙禅师在圆觉寺弘法时，前来听他授课的信徒每天都将大殿挤得水泄不通，于是，成拙禅师决定建一所新的讲堂。信徒们知道后，纷纷解囊布施。

其中，有一位信徒送了5两黄金给禅师，让他用来修建新的讲堂。成拙禅师淡淡地将这些黄金收下了，就去忙别的事情了。这位信徒对禅师的态度非常不满——要知道，这5两黄金可不是一个小数目啊！他捐出这么大的一笔巨款，成拙禅师竟然连一个"谢"字都没有给他。于是，那位信徒紧跟在禅师身后，提醒道："师父啊！我那个袋子里面装的可是5两黄金呢！"

成拙禅师漫不经心地答道："你已经说过了，我知道了。"

面对禅师的漫不经心，信徒再一次提高了嗓门，喊道："喂！师父，我捐的是5两黄金，可不是个小数目啊，你难道连一个'谢'字都不肯讲吗？"

成拙禅师停下脚步，转身对那位"执着"的信徒说："你捐钱给佛祖，为什么要我给你说'谢谢'呢？你决定布施，那是你的功德，如果你要将功德当成一种买卖，那我就替佛祖'谢谢'你，请你把这声'谢谢'带回去吧。从此，你与佛祖'银货两讫'了！"

故事中的信徒坚持认为自己付出了就应该得到感谢，把自己放在一个高高在上的位置，得不到感谢就心不甘。然而，是否真正要布施，布施财物的多少，那都是自己的事儿，原本是心甘情愿的布施，为自己积功德的事情，又何必执着于他人的一声'谢谢'呢！

很多时候，付出并不一定都会得到相应的回报，如帮助别人不一定会得到感谢，但只要有一颗真诚为他人奉献的心，为帮助他人做出努力，不管接受者从中得到多少益处，我们付出的真诚助人的心意都不是多余的，因为至少我们的所作所为都是在尊重自己的基础上进行的，我们所做的都是善心与美德的积累。

南怀瑾认为，生活中人们要有付出不图回报的心态，这样才能在帮助了别人的同时自己也能体会到帮助他人的美好。如果太过在意别人如何回报，只会平白地给自己的心里增添压力。因为期待回报，一心就会想着索取，就会给自己的心四周围"筑墙"，而帮助是自愿的行为，所以不应有所求。

二十年前，他还很年轻，家在南方的一个山区，家里很穷，无法供他上大学。但他为了不放弃读书的机会，独自北上求学，一边打工，一边念书，处境很是艰难，有时连一日三餐都难以保障。

一天下午，眼看晚饭时间就要到了，他却心情沉重，身边的朋友们商量着去哪儿好好大吃一顿，问他要不要一起去，他故作镇定，推托说有事情要忙。朋友们离开了，他紧紧攥着口袋里剩下的几块钱，这些钱连买一份最便宜的饭菜都不够。

黄昏时分，他还在街头独自徘徊，为了避免碰到熟人，他拐进一条小巷子，在一家小饭馆门口等待，饭店刚开张不久，招牌看上去很新，等到店里客人大都离开了，他才面带羞赧地走进店里。

他低着头小声对老板说："请给我一碗白饭，谢谢！"

见他没有选菜，老板一阵纳闷，却也没有多问，立刻盛了满满一碗的白饭递给他。他心里暗暗松了一口气，掏出钱给老板，又不好意思地问了一句："您这里还有没有剩菜汤，我想淋在饭上。"

老板娘端来菜汤，笑着说："没关系，尽管吃，菜汤免费。"

饭吃到一半，想到淋菜汤不要钱，他又多叫了一碗。

"一碗不够是吗？这次我给你再多盛一点。"老板很热情地回答。

"不是的，我想带回去，当明天的午餐。"

老板听后，走进厨房好一会儿才拿着餐盒出来。年轻人吃完饭起身，接过餐盒时觉得沉甸甸的，略有所思地看了老板夫妻一眼。临走前，老板笑盈盈地对他说："要加油啊，明天见！"话语中透露着请年轻人明天再来店里用餐的意思。

那盒饭的确是沉甸甸的，白花花的米饭下面有一大匙店里的招牌肉臊和一颗卤蛋，更装着老板的热情和良苦用心。

他离开饭馆后，老板娘不解地问丈夫："我知道，你看他还是个学生，而且生活很困难，想帮他。可是为什么不将肉臊和卤蛋大大方方地放在饭上，却要藏在饭底呢？"老板贴着老板娘的耳朵说："他要是一眼就见到白饭加料，说不定会认为我们是在施舍他，这不等于直接伤害了他的自尊吗？这样，他下次一定不好意思再来。如果转到别家一直只是吃白饭，怎么有体力读书呢？"

回到学校后，他打开饭盒，明白了是怎么回事，不禁热泪盈眶。打从那天起，他几乎每天黄昏都会来饭馆，在店里吃一碗白饭，再外带一碗走，当然，带走的那一碗白饭底下，每天都藏着不一样的秘密。后来他毕业了，在往后的二十年里再也没来过这家饭馆。

一天，年近五十的老板夫妻接待了一位身穿名牌西装的人。他说，"你们好，我是某某企业的副总经理，我们总经理让我前来恭请二位，希望你们在我们公司里开自助餐厅，一切设备与材料均由公司出资准备，你们只需要负责菜肴的烹煮，至于盈利的部分，你们和公司各占一半。"

夫妻二人大惑不解："你们公司的总经理是谁，他怎么会知道我们的事情，还要帮我们？""你们是我们总经理的大恩人和好朋友，总经理最喜欢吃你们店里的卤蛋和肉臊。"

就这样，二十年后，他再次见到了这一对曾经无私帮助他的夫妻。现在的他早已不是当年那个为了一日三餐发愁的大学生，他通过自己的奋斗，已经成功建立了自己的事业王国。但如果昔日没有他们的鼓励与暗助，他或许连学业都难以顺利完成，成功后的他一直都在默默关注这对夫妻，寻找机会报答他们。

生活中我们总会遇到这样或那样的困难。人不可能一辈子都飞黄腾达，也不可能一辈子都贫穷落后。当你失意或遭遇困难的时候，如果你曾得到过他人的帮助，无论是实际的赞助，还只是一句话，我们都应记住他人的帮助以及滴水之恩，时刻怀抱着一颗感恩之心，能帮助他人时一定伸出自己

的援手，因为享福时不忘要造福，受到帮助要有回报以及感
恩他人的心。

不要自以为是，不要刚愎自用

老子在其所著《老子》一书中说："自见者不明，自是者不彰，自伐者无功，自矜者不长。""企者不立，跨者不行；自见者不明；自是者不彰；自伐者无功；自矜者不长。其在道也，曰余食赘形。物或恶之，故有道者不处。"就是说人要谦虚、低调，不要太过自我表现，因为太过自显于众的人反而会自讨苦吃。按老子所说，不自我表扬者，反能显明；不自以为是者，反能是非彰明；不自己夸耀者，反能有功劳；不自我矜持者，反能长久受人欢迎。

南怀瑾深得老子思想精华，认为人确实要克服自见者不明，自是者不彰，自伐者无功，自矜者不长。现今，很多人有自是、自伐、自夸、自矜的毛病或缺点。自见就是自以为是；自是就是主观认为自己的看法一定正确，自己绝对没错。自伐，就是自夸，自我表扬，自我表功。自矜，就是自尊自大，傲慢。"自见"、"自是"、"自伐"、"自矜"者，都是自己在抬高自己。

古话说，你坐轿子要别人抬才能抬得起来。如果别人不抬，靠你自己来抬自己，你坐的轿子怎能抬得起来？所以，"自见"、"自是"、"自伐"、"自矜"者，都是吃力不讨好，欲得反失，想要表现反显得自己愚昧无知，令人耻笑。这样做，表面看是刚强，实际结果会让人不耻。

从前魏地有个人，素以博学多识而著称。很多奇物古玩，据说只要他看一眼就能知道是什么朝代的什么器具，并且解说得头头是道，大家都很佩服他，他自己也常常引以为豪。

一天，他去河边散步，不小心踢到一件硬东西，把脚也碰痛了。他恨恨地一边揉脚一边四下张望，原来是一件铜器。他顿时忘了脚疼，拾起来细细察看。这件铜器的形状像一个酒杯，两边还各有一个孔，上面刻的花纹光彩夺目，俨然一件珍稀的古董。

魏人得了这样的宝贝非常高兴，决定大宴宾客庆贺一番。他摆下酒席，请来了众多亲朋好友，他对大家说："我最近得到一个夏商时期的器物，现在拿出来让大伙儿赏玩赏玩。"于是他小心地将那铜器取出，斟满了酒，敬献给各位宾客。大家看了又看，摸了又摸，很多人装出懂行的样子交口称赞不已，恭喜主人得了一件宝物。可是宾主欢饮还不到一轮，意想不到的事情发生了。

有个从仇山来的人一见到魏人用来盛酒的铜器，就惊愕地问："你从什么地方得到的这东西？这是一个铜护裆，是角抵的人用来保护生殖器的。"这一来，举座哗然，魏人羞愧万分，立刻把铜器扔了，不敢再看一眼。

无独有偶。

楚邱地方有个文人，其博学多识的名声并不亚于上面故事中的魏人。一天，他得到了一个形状像马的古物，造得十分精致，颈毛与尾巴俱全，只是背部有个洞。楚邱文人怎么也想不出它究竟是干什么用的，就到处打听，可是问遍了远近街坊许多人，都没有一个人认识这是什么东西。后来一个号称见多识广、学识渊博的人听到消息后找上门来，研究了一番这古物，然后慢条斯理地说："古代有犀牛形状的酒杯，也有大象形状的酒杯，这个东西大概是马形酒杯吧？"楚邱文人一听大喜，把它装进匣子收藏起来，每当设宴款待贵客时，就拿出来盛酒。

有一次，一个人偶然做客这个楚邱文人家，看到他用这个东西盛酒，便惊愕地说："你从什么地方得到的这个东西？这是尿壶呀，也就是那些贵妇人所说的'兽子'，怎么可以用来做酒杯呢？"楚邱文人听了这话，脸唰地一下红到了耳朵根，羞惭得恨不得立刻在地上挖个洞钻进去，赶紧把那古物扔得远远的。

上面这两个故事中的人明明不学无术，却偏要装作博学多识的人，最终只能自欺欺人，出尽洋相。可见不自以为是，不刚愎自用，"说老实话，办老实事，做老实人"是每个人都应该奉行的为人之道。而那些企图依靠吹嘘或欺骗手段争得名利的人，常常会出尽洋相，让人笑话。

"自见"、"自是"、"自伐"、"自矜"，是人骄傲自大之通病，这类人大多也是逞强好胜、刚愎自用的人。而逞强好胜、刚愎自用，不仅令人厌恶，与己、与人、与事业都不利，而且，世间的纷争相当多的也是由这种心态、行为所产生的。

中国古人的智慧告诉我们，踮起脚跟想要站得高，反而站立不住；迈起大步想要前进得快，反而不能远行。自逞己见的反而得不到彰明；自以为是的反而得不到显昭；自我夸耀的建立不起功勋；自高自大不能做众人之长。所以有修养的人决不这样做。

中国传统文化认为，不自我表现、不固执己见，就能把事物看得分明；不自以为是，是非就能判断清楚；不自我吹嘘、夸耀，事业才有成效；不自高自大、盛气凌人，领导人才能久长。

而"不自见"、"不自是"、"不自伐"、"不自矜"，这"四不"并不是柔弱的表现。它们赢得了"明"、"彰"、"有功"、"长"的结果，最终成为四强。这是很典型的柔弱转化为刚强的表现。

清朝名臣曾国藩经常以各种形式向幕僚们征求意见，在遇有大事决断不下时尤为如此。有时幕僚们也常常主动向曾国藩投递条陈，对一些问题提出自己的见解和解决办法，以供其采择。而曾国藩对幕僚们的这些意见，亦非常重视，也经常加以采纳。比如，采纳郭嵩焘的意见，设立水师，湘军从此名闻天下，受到清廷的重视，这件事可说是曾国藩初期成功之关键。

还有曾国藩多次写信让他的弟弟曾国荃集众人智慧为己所用。比如，有一次他写信说："你最好与左宗棠共事，因为他的气概和胆略过于常人，所以邀他与你一起共事，来帮助弥补自己的不足之处"。他还曾劝曾国荃"早早提拔"下属，再三叮嘱："办大事者，以多选替手为第一义。满意之选不可得，姑且取其次，以待徐徐教育可也。"然曾国荃不听其言，后屡遭弹劾，非议也多，曾国藩认为是他手下无好参谋所致。

当然，曾国藩因拒绝幕僚的正确建议而招致失败或非议鼎沸的事例也不少。例如，曾国藩晚年对未听幕僚劝阻颇为后悔，曾写下"深用自疚"、"引为渐怍"等话给后人警醒。

总体而言，曾国藩能够虚心纳言，鼓励幕僚直言敢谏，这与他在事业上取得一些成功有很大关系。

纵观历史，一个人之所以能够成为伟人，绝不是仅仅由于他有什么惊人的智慧、过人的胆略和良好的机遇。这些，是其成功的必要条件，但尚不充分。因为，即便是伟人，他首先也还是一个人，而一个人的智慧、胆略、体力等种种一切构成其能力都是有限的。回首伟人们成长的历程，我们会发现，他们的成功正是来源于他们善于学习别人，善于借鉴别人，把他人的智慧变成自己的智慧，把他人的胆略变成自己的胆略，借用别人的力量壮大了自己的力量。然后，他们变得越来越强大，越来越有影响力！

所以，凡想建大业、立大功者，千万要牢记"四不"，实践"四不"；相反，只要逆"四不"而动，那就没有不失败的。

成就万物而不自居有功

　　《老子》说："江海之所以能为百谷王者，以其善下之，故能为百谷王。是以圣人欲上民，必以言下之；欲先民，必以身后之。是以圣人处上而民不重，处前而民不害。是以天下乐推而不厌。以其不争，故天下莫能与之争。"就是说江海所以能够成为百川河流所汇往的地方，乃是由于它善于处在低下的地方，能够容纳他流最终成为百川之王。所以，圣人要领导人民，必须用言辞对人民表示谦虚；要想让人民臣服，必须把自己的利益放在他们的后面。老子说，有道的圣人虽然地位居于人民之上，而人民并不感到负担沉重；居于人民之前，而人民并不感到受到伤害。天下的人民都乐意推戴圣人而不感到厌倦圣人，因为圣人不与人民相争，所以天下没有人能和他相争。

　　南怀瑾时常以老子的这段话教导他的学生，即在生活中，要培养自己拥有一颗高贵的心，这颗"高贵的心"，并不是说要"遗世而独立"、孤芳自赏或锋芒毕露，而是要谦虚谨慎、戒骄戒躁。

刘备屈尊三顾茅庐，才使历史上出现了"三足鼎立"的局面；乾隆皇帝多次微服出访，体恤民情，才出现了"乾隆盛世"；居里夫人在第一次获得了诺贝尔奖后，不居功自傲，继续刻苦钻研，继而又第二次获得了诺贝尔奖；一代伟人毛泽东还亲自接见一个普通的淘粪工人——时传祥，使他更加得到人民的爱戴……相反，如果一个人获得了一点成就就骄傲自满，当了一个小官就高高在上，嫌弃普通人，那么他也绝不会有更大的成就。

天下最广阔的莫过于大海，但大海却甘处下方，不屑于争名夺利；天下最有可贵品质的是河水，它们不分昼夜，流淌不息，"万物虽恃之生而不辞"，不求回报。因此老子说："是以圣人为而不恃，功成而不处。""生而不有，为而不恃，长而不宰，是谓玄德。"就是说圣人作育万物而不恃恩求报，成就万物而不自居有功。生养万物而不据为己有，促成了万物生长而不恃为有恩，长养万物却不主宰他们，不对他们横加干涉，这就是深刻广远、至高无上的大德。

谦虚是中华民族的传统美德，人只有不自高自大，把自己的地位放低，淡泊名利，才能找到自身的不足，扬长避短，才能有所发展。

但生活中偏偏有些人，做出一点贡献、取得一点成绩就沾沾自喜，忘乎所以，不可一世，下面的这个故事就生动地诠释了这一道理。

有一次，很多老百姓聚集着，在一个悬崖上面，要架一条独木桥到对岸的悬崖上。这个悬崖之间是一道很深的、水又流得很急的河沟。大家运来了一根又大又坚固的梁木。他们用很粗的绳索捆住梁木的两端，拉着一端的绳索把梁木放下到河沟里去，让一部分人攀着岩石爬下河沟，以便涉水过去，再爬上那边的悬崖，然后两边的人同时拉着绳索，把梁木拉上去，就可以把桥架好了。

但是，那河沟里的水实在太急了，涉水的人有好几个被水冲走了，还有一两个就在仓促之间殉了难，其余的人都退缩了回来，再也不敢向前，而那梁木也快要被水冲走了。看起来，这独木桥一时是架不起来了。突然，有一个人，在危急之中跳下水去，奋力在急流中挣扎，拉住梁木，终于渡过河沟，爬上悬崖，把桥架起来了。这个人立下了大功。大家都很感激他，把他尊崇为英雄。他们拿大坛的酒和整只的羊来宴请他，还叫石匠来把他的名字刻在河沟旁边的石壁上。大家做这些事情，都是实心实意的，因为他们诚心感激他、尊敬他，而且热爱他。

不料，这个人后来竟因此变得万分傲慢，俨然以一个地方长官自居了，他开始在村庄中横行霸道起来。大家最初还忍耐着。但有一天，他竟当众宣言道："没有我，你们连一条独木桥都架不起来！现在，你们看，我就要把它丢进河里去，看你们怎么办！"大家开始以为他在开玩笑，谁料他却真的提起桥木的一端，"嘭"的一下丢进河沟里去了，但他也掉进河沟里去了。当天老百姓就把石壁上他的名字刨掉，同时齐心协力，很快重新架起了一座独木桥。

一个人如果立了功，人们自然崇敬他；但如果因此居功自傲，甚至作威作福，那么，人们是不会纵容这样的人的。"为而不恃，功成而不处"，这才是明智的选择。

专心致志、善始善终

专心致志、善始善终是成就事业的最佳途径，除此无他。

南怀瑾认为，"慎终如始"是专心致志、善始善终的具体体现，即人要想办成任何事情必须遵循专心致志、善始善终的原则。他认为老子在其书中所说："民之从事，常于几成而败之。慎终如始，则无败事。"说得非常对。生活中，很多人做事，到快要成功的时候，反而失败了。这是因为在事情快要成功的时候，常常疏忽大意。如果在事情快要完成的时候，也像开始时一样谨慎重视，就不会失败了。所以，不论学什么和做什么，都必须有专一的目标，不能三心二意。否则，就容易半途而废，一事无成。

春秋时候，楚国人养叔（养由基）是射箭能手，百步穿杨百发百中。楚王拜他为师，按照他教的方法练了几天，以为自己已经学会了，就约养叔一块去打猎，想显示一下自己的本领。到了野外，人们把芦苇丛里的野鸭轰出来，楚王搭箭刚要射，突然左边跳出一只黄羊，楚王觉得射黄羊比射野鸭容易，便连忙瞄准黄羊。这时右边又跳出了一只梅花鹿，楚王认为梅花鹿比黄羊有价值，又想射梅花鹿。到底射什么好呢？犹豫之时，突然一只老鹰从面前飞过，楚王又觉得射老鹰最有意思，就想向老鹰瞄准。可是弓未张开，老鹰已经飞远了。此时，野鸭、黄羊、梅花鹿早已不知去向了。楚王拿着弓箭比画了半天，什么也没射到。

养叔在一旁看得真切，便对楚王说："要想射得准，就必须有专一的目标，不应当三心二意。比如在百步以外放 10 片杨叶，要是我将注意力集中在一片杨叶上，我能射 10 次中 10 次；要是我拿不定主意，10 片都想射，就没有把握能射中 1 片了。"

《尚书·旅獒》中说："为山九仞，功亏一篑。"就是说堆垒九仞高的土山，但如果差了一筐土也会达不到。所以，如果办一件事，只差投入最后一点人力、物力，依旧不能办成，而办不成岂不惋惜？所以，为避免"功亏一篑"这种局面，一定要专心致志，善始善终，"慎终如始"。

楚国有位钓鱼高手名叫詹何，他的钓鱼方法与众不同：钓鱼线只是一根单股的蚕丝绳，钓鱼钩是用如芒的细针弯曲而成，而钓鱼竿则是楚地出产的一种细竹。凭着这一套钓具，再用破成两半的小米粒作钓饵，用不了多少时间，詹何就能从湍急的百丈深渊激流之中钓出鱼，很快便能装满一辆大车！回头再去看他的钓具：钓鱼线没有断，钓鱼钩也没有直，甚至连钓鱼竿也没有弯！

楚王听说了詹何竟有如此高超的钓技后，十分称奇，便派人将他召进宫来，询问其垂钓的诀窍。

詹何答道："我听已经去世的父亲说过，楚国过去有个射鸟能手，名叫蒲且子，他只需用拉力很小的弱弓，将系有细绳的箭矢顺着风势射出去，一箭就能射中两只正在高空翱翔的黄鹂鸟。父亲说，这是由于他用心专一、用力均匀的结果。于是，我学着用他的这个办法来钓鱼，花了整整五年的时间，终于完全精通了这门技术。现在，每当我来到河边持竿钓鱼时，总是全身心地只关注钓鱼这一件事，其他什么都不想，全神贯注，排除杂念，在抛出钓鱼线、沉下钓鱼钩时，做到手上的用力不轻不重，丝毫不受外界环境的干扰。这样，鱼儿见到我鱼钩上的钓饵，便以为是水中的沉渣和泡沫，于是毫不犹豫地吞食下去。因此，我在钓鱼时就能做到以弱制强、以轻取重了。"

看看，无论做什么事情，都需要专心致志，一丝不苟，用心去做事，专注地寻找内在的规律性。只有这样，才能做到事半功倍，取得显著的成效。

我国古代"愚公移山"和"铁杵磨针"的寓言故事，也说明了专心致志、善始善终的重要性。而"慎终如始"的坚定性格对于人取得事业最终胜利具有重要意义。老子说："吾言甚易知，甚易行，天下莫能知，莫能行。"就是说我说的话很容易让人明白，人们也很容易做得到，天下的人更是没有不知道的，但行难知易，人要想取得一定的成就，就要学会专心致志，善始善终，"慎终如始"去做，否则不能成功。一个人如果没有向目标锐进的坚定意志，他的做事就不可能是完全有成效的。许多人在事业中遇难而退，半途而废，以至功亏一篑，其教训就在于缺乏坚持性和坚定性。尽管有些成绩只决定于个人的能力和有利的环境条件，但事实却不完全是这样的。当然，谁也不能否定人的能力的作用。可是一个人如果没有坚定的意志，如果不专心致志，善始善终，"慎终如始"，顽强地向目标前进，总是摇摆不定，犹犹豫豫，五分钟热度，一遇困难就打退堂鼓，一遇诱惑就瞻前顾后，即使他有超人的能力，也不能保证达到既定的目的。

有两个青年人想学下棋，他们听说奕秋是全国最有名的棋手，就相约着一起来到奕秋这里，拜奕秋为师学下棋。奕秋对这两个学生的讲授内容和要求是一样的。但是，由于这两个学下棋的青年人学习时用心程度不一样，最后学习的结果也就不一样。

其中一个人学下棋时专心致志地听奕秋讲解下棋的基础理论与技巧，因为他听讲时思想集中，学得很快，领悟得也越来越快，下棋的技艺逐渐掌握了，后来成了一名出色的棋手；而另一个下棋的青年则不同，每次当奕秋讲下棋的技艺时，他虽然也坐在那里听，可是思想却开了小差，总觉得天上要有大天鹅飞过来了，等到天鹅快要飞到眼前时就要准备好弓和箭了。他总是在想当天鹅飞近后该如何拿弓，如何搭箭，又是如何瞄准，然后再怎样放箭，最终射中最美丽的天鹅。这个青年虽然也和前一个青年一样在学习下棋，但由于他不专心致志，不能做到善始善终，"慎终如始"，忘记了学习的目的，思想不集中，结果可想而知，最后自然是一事无成，怏怏而归。

后一个青年比前一个青年的资质差吗？能力差吗？当然不是。他们差在了专心致志、善始善终、"慎终如始"上。可见，不论做什么，只有专心致志、善始善终、"慎终如始"的人才能够取得长远的进步；如果心不在焉，自以为是，就什么也学不好，什么也都做不好。

第四章

和谐持中，宠辱不惊

人不要为名所累

《菜根谭》中说："人生减省一分，即超脱一分。"而南怀瑾认为，在人生旅途中，如果人能把什么都减省一分，便能超脱物欲的羁绊。而超脱了物欲的羁绊，人的精神就会澄澈清明，做到了大彻大悟、和谐持中，宠辱不惊。

深山里住着一位隐士。他因品德高尚、为人慈祥，深受外人的尊重，也深受弟子们的爱戴。

90岁以后，他的身体大不如从前，一天，他把弟子们召聚到床边，他的眼泪流了下来。

弟子们非常吃惊，问道："您为什么流泪呀？您每天都在坚持学习，教育我们，但是从来没有流过泪。您还经常施恩于他人，所以备受人们尊重，您没有理由流泪啊。"

隐士说："我之所以流泪，是因为现今我常扪心自问：'你这一生学习过吗？''你这一生品行端正吗？''你这一生行过善吗？'我可以全部回答'是'。可是如果问：'你过的是正常人的生活吗？'我只能回答：'不是。'所以我流泪了。我这一生为了维护所谓的名声，连日常生活都为其所累，值与不值？这或许只有在如今——我临终的时候才能体会到'为名所累'四个字的含义。"

的确，在现实世界中，很多人总是被种种因素所束缚，或为名，或为利。就像风筝，想飞却总被一根长长的绳子拴着；就像笼中的鸟，想飞却总被它的主人一直关着。人在名、利、钱财面前，似乎毫无抵抗之力，对于外面诸多诱惑，也缺乏防御之心。

但时间是公平的，每个人生命都是有限的，赤条条来，赤条条去。谁也不会永远长生不老，神仙佛祖也只是神话传说。"世事忙忙似水流，休将名利挂心头，粗茶淡饭随缘过，富贵荣华莫强求。"这首流传至今的诗真实揭示了生活的本质。

一个后生，在从家里到一座禅院去的路上看到了一件非常有趣的事，便想以此去考一下禅院里的老禅者。于是他来到禅院就问："什么是团团转？"

"皆因绳未断。"老禅者脱口而出。

后生听到老禅者的回答之后，顿时目瞪口呆。老禅者见此情景，便问道："是什么使你如此惊讶？"

"不，老师父，我惊讶的是你是怎么回答对的呢？"接着他又说："今天，我在来的路上，看到一头牛被绳子穿了鼻子，拴在一棵树上，这头牛总是试图想要离开这棵树，到旁边的草地上去吃草，可是不管它怎么转来转去都不得脱身。我以为师父没看见，肯定就不知道该怎么回答，哪知师父出口就答对了。"

老禅者微笑着说道："你问的是事，我答的却是理，你问的是牛被绳缚而不得解脱，我答的是心被俗务纠缠而不得超脱，这一理通百事啊！"

老禅者所说的的确是人世间的真理。人如果在名利面前，始终保持一颗平常心，不论得利还是吃亏、诋毁还是称誉、夸赞还是批评、受苦还是享乐，都能够不为之动心，这样就会达到人生的最高境界。

苏东坡在江北瓜州任职的时候，与江对面金山寺的主持佛印禅师经常谈禅论道。一天，东坡先生觉得自己修持有得，便撰诗一首，派遣书童过江去，请佛印禅师指教，佛印禅师打开，上面写着："稽首天中天，毫光照大千。八风吹不动，端坐紫金莲。"

禅师看完之后，拿笔批了两个字，便叫书童带回来。苏东坡以为禅师一定会赞赏自己参禅的境界，急忙打开禅师的批示，只见上面写着"放屁"二字，不禁火起三丈，立刻乘船过江去找禅师理论。就在船快要到金山寺的时候，佛印禅师早早地站在江边等着苏东坡了，苏东坡一见禅师就气呼呼地说："禅师，我们是至交道友，对于我的诗与我的修行，你不赞赏也就罢了，何必骂人呢？"

禅师若无其事地说道："我骂你什么了啊？"于是，苏东坡将诗上批的"放屁"二字拿给禅师看。只见禅师顿时大笑道："哦，你不是说'八风吹不动'吗？怎么'一屁就打过江'了呢？"苏东坡听罢，惭愧不已。

"八风吹不动"，原本是出家人追求的一种至高的境界，也就是说面对诸事都保有一颗平常心，这对常人来说本是不容易达到的，但对于苏东坡来说应能做到，而苏东坡却没做到，苏东坡听了佛印禅师的话惭愧不已我们就能理解了。这个故事对我们也应有所警示，我们虽是常人，但若能够保持一颗平常心，时刻提醒自己"不以物喜，不以己悲"，反倒是可以慢慢地达到不为名累、不为利累的境界。

相比于苏东坡来说，大画家齐白石，颇有几分"八风吹不动"的功力，他给自己立了"七戒"，戒酒、烟、狂喜、悲愤、空想、懒惰、空度。有些人听后出于偏见，对他进行攻讦，还有些人对此妄加评论，而齐白石一概置之不理，听之任之。用他自己的话说就是，"人誉之一笑，人骂之一笑"。

生活中的很多人很难做到"八风吹不动"，往往是遇顺境则轻浮狂妄，遇逆境时则苦闷愁烦，听到表扬就欢喜不禁，听到批评就面露生气。生活对待任何人都不会是一帆风顺，生活中每一天也不永远是"好日子"，所以，人要尽量做到宠辱不惊，保有平常心，喜不张狂，忧不失态，少生几分戾气，多一些祥和；少几分狂躁，多一些宁静。

君子理应安贫乐道

孔子认为一个人要是受物质环境引诱、转移的话，就无法和他谈学问、谈前途，只有真正拥有"志于道"精神的人才能与之相交。而"志于道"说通俗些就是要有一种不讲享受、唯道是谋的精神。孔子在《论语》中有这样一句话："士志于道，而耻恶衣恶食者，未足与议也。"意思是说，士人立志于仁义之道，却对粗糙的衣食引以为耻，就无价值和他谈论了。也就是说一个人讲自己"志于道"，但仍然在乎吃穿，就难免沦为假道学了。只有做到了超越富贵的诱惑，甘守清贫，才是"志于道"的人。

对此南怀瑾认为，人千万不要自以为了不起，人与人从人格上来说都是平等的。就像孔子在《论语》中说，"富与贵，是人之所欲也，不以其道得之，不处也；贫与贱，是人之所恶也，不以其道得之，不去也。君子去仁，恶乎成名？君子无终食之间违仁，造次必于是，颠沛必于是"。南怀瑾认为孔子所说的话非常有道理。他翻译孔子话说："有钱有地位，这是人人都向往的，但如果不是用仁道的方式得来，君子是不接受的；贫穷低贱，这是人人都厌恶的，但如果不是用仁道的方式来摆脱，君子也是摆脱不了的。而君子一旦离开了仁道，还怎么成就好名声呢？所以，君子任何时候——哪怕是在吃完一顿饭的短暂时间里也不离开仁道。仓促匆忙的时候是这样，颠沛流离的时候也是这样。"对此南怀瑾总结说，"道"说到底也就是仁义之道——仁道。而仁道是一个人安身立命的基础，也是应该持有的生活原则。人无论是富贵还是贫贱，无论是处在幸福舒适还是颠沛流离之时，都绝不能违背这个基础和原则。

孔子是自我践行"道"的最佳典范，他不仅这样说，也是这样做的。公元前489年，孔子不想在陈国待下去了，他想到楚国去。此时楚国的国君楚昭王在位已27年，不仅将楚国治理得比较强盛，且敢公开与强国抗衡。孔子寄希望于楚昭王能器重他，采纳他扬礼仪、推仁义、复兴周礼的政治主张。

这时，南方强盛的吴国进攻陈国，楚国出兵援陈抗吴，军队驻扎在城父（楚邑，在今河南省宝丰县东）。楚王也听说孔子正在陈蔡两国的边境上，便派专人来聘请孔子。

陈蔡两国的大夫们知道了楚昭王要礼聘孔子的消息，就商议说："孔子是位有才能的贤者，有治国之术，现在的楚国非常强大，却来礼聘孔子，楚国一旦重用了孔子，让其当政，那我们陈蔡两国就危险了。"遂派人一起将孔子一行围困在陈蔡之间的旷野上，孔子及弟子们粮草断绝，七天未生灶做饭，进退不能，弟子们有的生了病，有的发牢骚，很多打不起精神来。

新的困难考验着孔子，孔子面对困境思考着。

最终孔子给弟子们打气，他援引伯夷、叔齐、比干等人的遭遇来为现状辩护，他说这三个人都是士人们公认的"仁人志士"，可是伯夷、叔齐耻食周粟而饿死于首阳山中，比干更是被商纣王剖腹控心。说明在暴君昏王的强权重压下，有德有才的人未必交好运，未必能被一般人所理解。弟子们听后心渐渐安定下来。孔子让弟子们发表看法，子贡说："夫子之道至大也，故天下莫能容夫子。"但孔子听后却不认可。孔子认为，这样的安慰是对自己追求的"道"的歪曲，于是否定了子贡的回答。颜回也发表自己的看法，他说"夫子之道至大"，他认为孔子一直身体力行，让"道"弘扬光大，是非常正确的事，尽管很多人暂时不理解也应该坚持下去。孔子听后点头称是，赞同颜回的说法。

当然，我们这里需要指出的是，孔子"在陈绝粮，陷入穷困"，固然指的是经济上遭遇了困境，但我们理解这段文字却不应仅仅局限于经济上遭遇了困境这一方面，事实上，当人遇到人生挫折、事业坎坷，甚至到了穷途末路，都可以理解为身处"穷及困境"的范畴。而凡是到了这些关头，君子都应该具有"固穷"

的胸襟和气度，有既来之则安之、淡然面对困境、走出困境的信念。而不应该是"穷斯滥矣"，自暴自弃，或铤而走险或投机取巧，甚至屈态变节，苟且偷生。

中国传统对"道"的推崇，并不局限于儒家，像道家视"道"也为重要地位。道家之"道"在很大程度上，也成为了中国士人所依赖的人生智慧的基础之一。当然，有些人认为孔子困在陈蔡不懂羞耻之心，被人围困，无饭可食，被遭奚落，是一件没面子的事。但从全局来看，孔子弘道信念更为坚定。任何事都需要一分为二，实事求是，对待孔子此事也应如此。

史载古代齐国有个人，家里有一妻一妾，每次出门回来之后，齐人都是一副酒足饭饱的样子，还说和自己一起吃饭的人都是富贵之人，但是这些富贵之人却从来没有来过他们家。于是妻子产生了怀疑，一次在丈夫出门后便跟着他，结果发现整个国都之内没有一个人理睬丈夫。到了中午吃饭的时候，丈夫就跑到城外的坟堆处和那些上坟的人乞讨，不够吃就又向别人乞讨，这就是他酒足饭饱的原因。

妻子回家后哭着跟妾说了这些事，两人都为丈夫的行为感到羞耻。

孟子曰："人不可以无耻，无耻之耻，无耻矣。"就是说人如果有了羞耻之心，就应知道什么是可耻的，什么是体面的。这样才能使自己知道什么事情是应该做的，什么事情是不应该做的，自己的生活才会有正确的方向。每个人都希望自己能够避免遭到耻辱的事情，但前提是必须加强培养自己生来就应具备的"羞耻之心"，正确理解"羞耻"，分清"羞耻的主客观实质"。

当然，贫穷卑贱也是人们不想得到的东西，但摆脱贫穷卑贱也要有一定的原则，比如，靠自身努力得到富裕才是正道，而靠投机取巧和欺瞒耍奸就是歪门邪道。南怀瑾认为真正的君子一定要懂得走正路，行正义。

富贵功名是人们都想要的东西，但是如何得到，社会有一定的规定。用现代的话说，就是竞争必须良性竞争。靠歪门邪道得来的富贵功名，就不应该接受。

君子和而不同

　　孔子主张和而不同，他在《论语》中说："君子和而不同，小人同而不和。"就是说："君子和谐相处却不盲目苟同；小人盲目苟同却不和谐相处。"再通俗地说，君子能以自己的正确意见来纠正他人的错误意见，使一切恰到好处，小人则一味附和、讨好他人，不肯提出不同意见。

　　孔子坚决反对与世俗同流合污。他说："君子矜而不争，群而不党。""君子周而不比，小人比而不周。"即君子庄重而不固执，团结而不结党营私，但小人却结党营私，同流合污。孔子怒斥团团伙伙的勾结作风，认为这是对道德的践踏。对此，南怀瑾认为孔子并非是一位不分是非的调和主义者、折中主义者，相反，他是一位很讲原则的人，是一位敢于坚持自己的意见，又能虚心接受他人批评的人。

　　南怀瑾认为，"和而不同"应该是我们与人交往的基本原则。每个人都是独一无二的，每个人都有自己的思维方式；加之出身背景不同，所受的教育不同，人生经历的不同等，决定了每个人都会拥有自己不同的情感、性格、气质、思想。在一个文明的社会里，只要个人的行为不妨碍社会的健康发展，不妨碍他人的生活，就有存在的权利，任何人都没有权利也不能消除他人的这种差异。因此我们不能认为自己所行所言都应得到他人的首肯，我们不可能与每一个人都成为知心的朋友，我们也不可能喜欢所有的人，但可以不欣赏、不喜欢他人，却不能轻视、歧视他人，因为，他人只是和你不同而已，你要尊重这种不同。当然也不要在与他人交往中，一味地迁就他人，盲从他人，从而丢掉自己的个性。

而"君子和而不同"的古训，是说虽然人与人的交往贵在求同存异，但君子之间的交往是求和谐，而不是一味地投他人的所好。现实中有些人的交往是"同而不和"，凡事好像都说"好好好、是是是"，但相互之间却没有真心，也不和谐。

"和而不同"还有这样一层意思，即人与人之间除了互相赞赏，还应当相互督责，相互启发，向对方提出不同的意见帮助对方。提意见者不管地位的高低，年龄的长幼。就像孔子本人也是一位善于接受不同意见的人，不管是其弟子们的意见还是不相识的陌生人。比如，他在批评颜回时说："回也，非助我也，于吾言无所不悦。"就是说，颜回不是在帮我啊，他对我说的话总是全盘接受，从不提出反对意见。孔子公开主张：学生，也应当不让于师。

尹绰和赦厥同在赵简子手下做官，赦厥为人圆滑，会见风使舵，看主人的脸色行事，从来不说让赵简子不高兴的话。尹绰就不是这样，他性格率直，不看主人脸色，有意见就提，对赵简子忠心耿耿尽职尽责。

一次，赵简子带尹绰、赦厥及其他随从外出打猎，一只灰色的大野兔窜出来，赵简子命随从全部出动，策马追捕野兔子，并说"谁抓到野兔谁受上奖"。众随从奋力追捕野兔，结果踩坏了一大片庄稼。

野兔子抓到了，赵简子十分高兴，对抓到野兔的随从大加奖励。尹绰表示反对，批评赵简子的做法不妥。

赵简子不高兴地说："这个随从听从命令，动作敏捷，能按我的旨意办事，我为什么不能奖励他呢？"

尹绰说："他只知道讨好您而不顾老百姓种的庄稼，这种人不值得奖励。当然，错误的根源应该是在您的身上，您不提出那样的要求，他也不会那样去做。"

赵简子心里闷闷不乐。

又一次，赵简子因头天晚上饮酒过多，醉卧不起，直到第二天已近晌午，仍在醉梦中。这时，楚国一位贤人应赵简子3月前的邀请前来求见，赦厥接待了那位贤人。为了不打扰赵简子睡觉，赦厥婉言推辞了那位楚国人的求见，结果使那位贤人扫兴而去。赵简子直睡到黄昏才醒来，赦厥除了关心赵简子是否睡得香甜外，对来人求见的事只是轻描淡写地敷衍了几句。

后来，赵简子常对手下人说："赦厥真是我的好助手，他真心爱护我，从不肯在别人面前批评我的过错，生怕伤害了我。可是尹绰就不是这样，他对我的一点毛病都毫不放过，哪怕是当着许多人的面也对我吹毛求疵，一点不顾及我的面子。"

尹绰听到这些话后，依然按过去一样对待赵简子。他跑去找赵简子，他对赵简子说："您的话错了！作为臣下，就应帮助完善您的谋略和您的为人。赦厥从不批评您，他从不留心您的过错，更不会教您改错。我呢，总是注意您的处世为人及一举一动，凡有不检点或不妥之处，我都要给您指出来，好让您及时纠正，这样我才算尽到了臣子的职责。如果我连您的缺点的一面也加以爱护，那对您有什么益处呢？缺点很可爱吗？如果您的缺点越来越多，那又如何能保持您美好的形象和尊严呢？"

赵简子听了，似有所悟。

可见，真正的"和而不同"并不是一味地讨好，一味地盲从，而是在发现对方的缺点错误后，能真心指出并帮助其改正，使之不断完善起来。就是比自己地位高的人，孔子也曾明确表示，"该说就说"，他认为对君主也应采取"勿欺也，而犯之"的态度，就是不要为讨君主的喜欢而欺蔽他，而应以诚实的态度提出自己的正确意见，哪怕是冒犯君主。

人们都知道《说唐》里鼎鼎大名的尉迟恭是一名莽勇的将

军，却不知他在《唐史》里，是一位以"和而不同"著称于世的君子。

有一次，唐太宗李世民闲暇无事，与吏部尚书唐俭下棋。唐俭是个直性子的人，平时不善逢迎，又好逞强，与皇帝下棋时使出自己的浑身解数，架炮跳马，把唐太宗的棋打了个落花流水。

唐太宗心中大怒，想起他平时种种的不敬，更是无法抑制自己，立即下令贬唐俭为潭州刺史，这还不算完，又找了尉迟恭来，对他说："唐俭对我这样不敬，我要借他而诫百官。不过现在尚无具体的罪名可定，你去他家一次，听他是否对我的处理有怨言，若有，就可以此定他的死罪！"尉迟恭听后，觉得太宗这种张网杀人的做法太过分，所以，当第二天太宗召问他唐俭的情况时，尉迟恭不肯回答，反而说："陛下请你好好考虑考虑这件事，到底该怎样处理。"

唐太宗气极了，把手中的玉笏狠狠地朝地下一摔。转身就走。尉迟恭见了，只好退下。

唐太宗回去后，冷静一想自觉无理，认为尉迟恭谏言正确，于是大开宴会，召三品官入席，自己则宣布道："今天请大家来，是为了表彰尉迟恭的品行。由于尉迟恭的劝谏，唐俭得以免死，使他有再生之幸；我也由此免了枉杀的罪名，并加我以知过即改的品德，尉迟恭自己也免去了说假话冤屈人的罪过，得到了忠直的荣誉。尉迟恭得绸缎千匹之赐。"

唐太宗确实是一代明君，非常"明正"；假如他是一个昏君；假如尉迟恭真的按他的话去陷害唐俭而致其死，又安知唐太宗"明正"起来，不治罪尉迟恭呢？

南怀瑾认为，人与人之间，在非原则问题上应谦和礼让，宽厚仁慈，多点"糊涂"，但在大是大非面前，则应保持清醒，不能一团和气。什么时候见不义不善之举都应阻之正之，如力不至此，亦应做到不助之。如果明明知道有人在行不义不善之事，却因他是长辈、上司、朋友，默而容之，帮而助之，就不是"和而不同"，反而是一种"同而不和"。当然，有时候立定了脚跟做人，的确是会冒风险的，也可能会受到暂时的委屈，受到别人的不理解，但是，"和而不同"这种公正的品德，最终会赢得人们的尊敬的。天长日久，他人自然会了解你的为人和品格。

人与人的交往，要恰如其分，不强交，不苟绝，不面誉以求新，不愉悦以苟合，其关系的处理，恐怕用得上这么一副对联——"大着肚皮容物，立定脚跟做人"，也就是"君子为人，和而不流"，即小事"和"，而大事"不同流"。

此外，在人与人交往中，可能也会遇到一些意见、看法跟大家南辕北辙的人。除非是明显违背了真理，否则我们应学会用宽容的心，学习和接纳这些不同的声音，这样才能更好地与人相处，并从这种相处中获得更多的好处，同时也能克服自己主观、臆断或武断的思想。

善恶分明

南怀瑾认为，一个真正的君子既不可能受到所有人的喜爱，也不可能被所有人反对，因为人群中有笃诚的君子，也有品行恶劣的小人。但只要善恶分明，必然会有正确的爱和恨。就像儒家在讲"仁"的时候，不仅是说要"爱人"，还有"恨人"，"爱"和"恨"是相连的。

孔子曾说：只有那些有仁德的人，才能爱人和恨人。当然，孔子在这里没有说到要爱什么人，恨什么人，但有爱则必然有恨，二者是相对立而存在的。孔子坚决反对那种不分是非，不讲原则，一味追求他人喜欢的、当面讨好人的人，或喜欢做老好人的人，他认为这是对道德的残害。

南怀瑾也认为，对待不同的人，采取不同的态度，能够避免犯善恶不分、助纣为虐的错误。他举例说，"《论语》中说：微子去之，箕子为之奴，比干谏而死。孔子曰：'殷有三仁焉！'这段话说（纣王的兄长）微子离开了朝廷，（纣王的叔父）箕子变成了纣王的奴隶，（纣王的叔父）比干以死劝谏却被杀害。孔子说：'殷商有三位仁德的人！'孔子称赞了'殷商有三位仁德的人'，然而，这'三位仁德的人'的仁德体现在哪里呢？'微子去之'，是离开朝廷，为什么要离开？因为商朝末年，纣王暴虐，残害百姓而不守天道，并且不听劝谏，微子是纣王的兄长，是家中的长子，看到国家灭亡已是必然，为了宗庙不被毁，无可奈何地带着祖先灵位，离开了朝廷，投奔到周去了。这是对历代祖先的仁德之心。纣王的叔父箕子，担任三公的重要职务，多次劝谏但无用，既爱国家又恨纣王，变成了纣王的奴隶。这是对国家政治的仁德之心。纣王的叔父比干，为了国家百姓而以死劝谏，终被纣王杀害。这是对百姓的仁德之心。所以，南怀瑾总结道：三人的行为，或为保宗庙，或为保国家，或为保民众，虽然所行不同，却都是仁德的人。这三个人，被孔子许以'仁人'"。

汉光武帝建立了东汉王朝以后，深知百姓对各地豪强争夺地盘的战争早已恨透了，决心采取休养生息的政策。于是他采取减轻一些捐税、释放奴婢、减少官差等方法，还不止一次地大赦天下。过了几年，东汉经济得到了恢复和发展。

汉光武帝还发布了治理天下要依法治理的法令。光武帝的大姐湖阳公主依仗兄弟做皇帝，骄横非凡，不但她爱怎么着就怎么着，连她的奴仆也不把朝廷的法令放在眼里。

一次，湖阳公主有一个家奴仗势行凶杀了人。然后躲在公主府里不出来。洛阳令董宣是一个善恶分明的人，也是一个硬汉子，他认为皇亲国戚犯了法，应该同样办罪。

董宣不能进公主府去搜查，就天天派人在公主府门口守着，等那个凶手出来。

有一天，湖阳公主坐着车马外出，跟随着她的正是那个杀人凶手。董宣得到了消息，就亲自带衙役赶来，拦住湖阳公主的车。

湖阳公主认为董宣触犯了她的尊严，沉下脸来说："好大胆的洛阳令，竟敢拦阻我的车马？"

董宣没有被吓倒，他拔出宝剑往地下一划，当面责备湖阳公主不该放纵家奴犯法杀人。他不管公主阻挠，吩咐衙役把凶手逮起来，当场就把他处决了。这一下，差点儿把湖阳公主气昏过去。她赶到宫里，向汉光武帝哭诉董宣怎样欺负她。

汉光武帝听了，十分恼怒，立刻召董宣进宫，吩咐内侍当着湖阳公主的面，责打董宣，想替公主消气。

董宣说："先别打我，让我说完了话，我情愿死。"

汉光武帝怒气冲冲地说："你还有什么话可说的。"

董宣说："陛下是一个中兴的皇帝，应该注重法令。现在陛下让公主放纵奴仆杀人，还能治理天下吗？用不着打，我自杀就是了。"说罢，他挺起头就向柱子撞去。

汉光武帝连忙吩咐内侍把他拉住，董宣已经撞得血流满面了。

汉光武帝知道董宣说得有理，也觉得不该责打他。但是为了顾全湖阳公主的面子，要董宣给公主磕个头赔个礼。

董宣宁愿把自己的头砍下来，怎么也不肯磕这个头。内侍把他的脑袋往地下摁，可是董宣用两手使劲撑住地，挺着脖子，不让把他的头摁下去。内侍知道汉光武帝并不想把董宣治罪，可又得给汉光武帝下个台阶，就大声地说："回陛下的话，董宣的脖子太硬，摁不下去。"

汉光武帝也只好笑了笑，下命令说："把这个硬脖子撵出去！"

湖阳公主见汉光武帝放了董宣，心里很气，对汉光武帝说："陛下从前做平民的时候，还收留过逃亡的和犯死罪的人，官吏不敢上咱家来搜查。现在做了天子，怎么反而对付不了小小的洛阳令呢？"

汉光武帝说："正因为我做了天子，就不能再像做平民时那么干了。"结果，汉光武帝不但没办董宣的罪，还赏给他三十万钱，奖励他善恶分明、执法严明。

在古代，"王子犯法与庶民同罪"这是很难做到的，但敢于坚持这一点的官吏品德是高尚的，能够容忍这样的下属的皇帝也是比较英明和有远见的。所以，如果社会中的成员都能坚持原则，弘扬正气，就能共建一个正直、有秩序及和谐的社会。

而善恶分明、坚持原则、不姑息养奸，不做让自己丧失立场的人是和谐社会的基础，也是为人称颂的典范。

君子爱财，取之有道

南怀瑾在《南怀瑾讲述生活与生存》一文中说，"孔子说，富与贵，每个人都喜欢，都希望有富贵功名，有前途，做事如意，有好的职位，但如果不是正规得来的则不要。相反的，贫与贱，是人人讨厌的，即使一个有仁道修养的人，对贫贱仍旧不喜欢的。可是要以努力的办法上进，脱离贫贱，而不应该走邪路、弯路。"南怀瑾认为，对权力、财产，世上没有一个人不喜欢的，这当然是很正常的事，但如果过于迷恋权力，只看到了权力所带来的好处，却忘记了君子爱财、取之有道的古训，最终也会害了自己。

"君子爱财、取之有道"是说君子固然可以喜爱权力钱财，但如果不是通过正当途径得来的则不应该要，如像那些坑蒙拐骗、损人利己、以权谋私的谋取钱权、地位的做法，只会留下千古骂名，遗臭万年。

历史上因为追逐权力、以权谋私而最后落得身败名裂的下场的人比比皆是。熟悉历史的人都知道，我国明代的时候有一个非常有名的大奸臣，他就是严嵩，他出生的时候是明宪宗成化十六年，弘治十八年他幸运地考中了进士，被朝廷授予庶吉士的官衔，并入翰林院编修。

严嵩的人生最得意和最风光的时候应该是在明代嘉靖皇帝时期，当时他深受嘉靖皇帝的宠幸，得到莫大的殊荣，一路平步青云，风光无限，官职升到大学士，最后被任命为内阁首辅大臣，成为一人之下、万人之上的权臣。

严嵩授任内阁后，牢牢地把持着内阁大权，培植亲信，排斥异己，也开始了利欲熏心的权钱交易。明朝每年都会对官员进行考察，称为"京察"，接受考察的各地官员都会聚集京师，接受朝廷的考察，他们会携带自己当官一年以来的成绩来作为自己继续留任或升迁的资本。严嵩也瞅准了这个机会，在"京察"过程中，他指使吏部对一些反对自己的官员进行大清除，很多曾经反对过他的人或是不满他的人都受到了严厉的处分，轻则降职、贬谪，重则下狱等候问罪。可见当时，朝廷内外被严嵩搞得乌烟瘴气，人人自危。

时任兵部员外郎的杨继盛，见严嵩的所作所为，知道他是祸乱国家的大奸臣，心里对严嵩痛恨不已，发誓必欲除之而使人心大快。出于为国除奸的一片忠心，他愤然上疏参劾严嵩。在奏疏中，他一针见血地指出："方今在外之贼为俺答，在内之贼为严嵩。必先除内贼然后外贼可除。"并罗列了严嵩的十大罪与五大奸。十大罪主要是：将皇上所行善政尽归于己，掩主上之治功；纵子窃权；子孙未涉行伍，却冒领军功；纳贿营私，任用奸人；阻止抗击俺答，贻误国家军机；中伤、陷害言官；严嵩柄政以来，朝野上下贪污贿赂成风，以至失天下人心，坏天下风俗，等等。五大奸主要是：厚赂皇帝身边的太监，使之成为严嵩本人的耳目；控制了负责向皇帝呈送奏章的通政司，使之成为严嵩玩弄阴谋的机构；勾结、拉拢厂卫官员，使之成为严嵩的心腹；笼络言官，使之成为严嵩的走狗；网罗官员，结成私党。这本奏章对严嵩的罪行揭露得淋漓尽致，忠愤之情，溢于言表。

但世宗皇帝对严嵩倍加宠信，接到这份奏疏后大怒，立即下旨命令锦衣卫将杨继盛逮捕，廷杖一百后下狱。杨继盛每次出庭受审，内臣、士民都夹道而观，异口同声称赞他是位了不起的义士。有人指着他戴的枷具说："为什么不将它戴在严贼头上？"杨继盛在狱中被关了3年，世宗本来没打算杀他，但是严嵩后来在另一个重要案件中找了个理由把杨继盛给牵扯进去，然后把他给杀害了。

在陷害忠良、残害忠良的同时，严嵩还利用手中掌握的权力贪污纳贿，卖官鬻爵，大树私党、培植党羽，在国家一些重要的部门安插亲信，谋取私利。这些人一个个气焰冲天、嚣张跋扈，大肆利用手中的权力为自己和严党搜刮民脂民膏。每当吏、兵二部选拔官员，严嵩都要亲自安排二十余个名额，每个名额索取贿赂数百两黄金。礼部员外郎项治元贿赂严嵩一万三千两黄金升任吏部主事；举人潘鸿业贿赂严嵩二千二百两黄金被任命为山东临清知州；甘肃总兵仇鸾因罪下狱，后通过家人贿赂严嵩之子严世蕃三千两黄金即被释放并保荐为边将。

据当时记载，每日到严嵩府上行贿的人络绎不绝。有些人为了见到严嵩父子，先买通他的家人。家人严年倚仗主子的权势索贿受贿，积累家财达数十万金之多。至于严嵩父子贪污受贿积累起来的家产更是不可数计。仅他们在北京附近就有庄田一百五十余所，袁州一府四县的田竟有百分之七十为严府私田。至于鲸吞的金银财宝更是十分惊人。严嵩父子担心自己的罪行有朝一日败露，将大量金银珍宝偷偷运往江西老家藏起来。

后严嵩罪行败露，世宗下诏，将严嵩父子财产全部抄没，严嵩及其子孙都削籍为民。严嵩垮台后被抄家，共抄出黄金二百多万两，白银二百多万两，其他珍宝价值白银数百万两。85 岁的严嵩在失去生活依靠后，只得寄食门生故旧家里度日。两年后死去。

子曰："富而可求也；虽执鞭之士，吾亦为之。如不可求，从吾所好。"即"如果富贵合乎于道就可以去追求，虽然是给人执鞭的下等差事，我也愿意去做。如果富贵不合于道就不必去追求，那还是按我的爱好去干事"。孔子的这段话告诉我们：不管干什么事情，都不能把钱看得太重。在生活中，人们应该有更长远的目光，应该有更高尚的追求，这样的人才堪称君子。

萧何曾任沛县功曹，勤奋好学，思想机敏，对历代律令很有研究，并好交朋友。刘邦当时为小亭长，平时不拘小节，经常惹事。萧何曾多次袒护他，故两个人交情很好。

公元前 209 年，陈胜、吴广起义。萧何和曹参、樊哙、周勃等人商议形势，并和早已起义的刘邦保持着联系。当时的沛县令也想归附陈胜，保住官位，就和萧何、曾参商议。萧何建议赦罪重用刘邦。他们就到芒砀山去找到刘邦。当他们回到沛县后，县令却变卦扣押了萧何。刘邦知道后大怒，带兵打回沛县，杀县令，救萧何，共谋大计。后萧何向大家宣布，公推刘邦为起义的首领。

公元前 206 年 10 月，刘邦率军由蓝田至霸上。秦王子婴乘素车、白马，把印绶系在脖子上，封好秦皇帝的玺、符、节等，在轵道（今陕西西安东）旁向刘邦投降。至此，秦灭亡。刘邦率军进入咸阳，将士们都抢掠金银财物，当刘邦看到秦宫中华丽的装饰，成堆的金银珠宝，还有一群群的美女，也不觉飘然起来。

唯独萧何，进入咸阳后，一不贪恋金银财物，二不迷恋美女，急如星火地赶往秦丞相御史府，将秦朝有关国家户籍、地形、法令等图书档案都收藏起来，待日后查用。同时告之刘邦，以国事为重，勿贪恋金银珠宝及美女。萧何做官多年，认为收藏律令图书更为重要，为日后给刘邦参谋天下的关塞险要、户口多寡、强弱形势、风俗民情等做了提前准备，同时他仔细研究，做到对这些都能了若指掌。

刘邦重入关中后，萧何采取措施，协助刘邦收拾关中的残破局面。一方面重新建立已经散乱的统治秩序，另一方面则安抚民心。他先颁布法令，重新建立汉的统治秩序和统治机构，修建宫室、县城等。又开放原来秦朝的皇家苑囿园地，让百姓耕种，赐给百姓爵位，减免租税等，并让百姓推举年龄在五旬以上、有德行、能做表率的人，任为"三老"，每乡一人；再选各乡里的"三老"为"县三老"，辅佐县令，教化民众，免去他们的徭役，并在每年的年末赐给他们酒肉。

楚汉相争的关键时期，萧何坐镇关中，刘邦把关中事务全部托付给萧何。萧何主持关中，征发兵卒，运送粮草，供应汉军；侍奉太子，制定法令规章，建立宗庙秩序。他将事项报于刘邦，刘邦总是允许照办，也可先行再报。刘邦几次战败，弃军逃跑，如若萧何稍有二心，便可置刘邦于死地。可萧何每次都稳坐关中，忠心耿耿，征发关中兵，补足汉军缺额。刘邦也因此得以重新振作，多次转危为安。

公元前203年，项羽因连年战争，陷入兵尽粮绝的困境。

而汉军因萧何坐镇关中，不断输送粮食兵力，形成了兵强粮多的好形势，终于逼得项羽兵败垓下，自刎乌江。

萧何独具慧眼，不贪钱财，对刘邦"定帝业"起到了不可估量的作用。

在生活中，人们在面对利益时一定要本着取之有道的原则做出正确的抉择，不能贪图一时的私利而败坏了自己的品德，要把目光放得长远些，不义之财不去取，不仁之事不去做，这样才能内心安然。

大道至简，追求简单快乐的生活

南怀瑾认为，追求简单快乐的生活，寻求一个寄"身心性命"于物外又与实际生活密切联系的理想境界，是儒学士人所向往的"孔颜乐处"。比如他举例说孔子对颜回"贫而乐"的境界十分赞赏，孔子说颜回：吃粗饭，喝凉水，蜷着胳膊当枕头，乐趣也在其中了。孔子又说，用不义的手段得到富贵，对我来说就如浮云一样。孔子还说：颜回真贤德呀！一碗饭，一瓢水，别人不堪其忧，颜回却不改其乐。颜回真贤德呀！

南怀瑾认为在舒适环境中的人格修养，不是真正的人格修养，只有在艰苦环境中或困境中做到自得其乐的、追求简单快乐的生活的人格修养，才是一种充满浩然正气与自强不息的精神。这样的精神在很多中国的古代士人身上都能体现出来，他们以十分坦然的心态，面对社会分配极不公正的难题、困境。

孔子本人非常崇尚大道至简的生活。有一次，孔子和几个学生在一起谈心，他鼓励大家大胆地说出自己的真实志愿。

子路志大，说："一个有一千辆战车的国家，面临内忧外患，我去治理它，三年时间，就能使国家充满勇气，人民很守规矩。"

冉有说："方圆六七十里或五六十里的小国家，我可以在三年内使人人富足，至于礼乐教化，那还要靠别人来帮忙。"

公西华说："我的本领还不够，但愿意不断学习，在祭祀和外交典礼上，我可以穿戴整齐去做个小司仪。"

最后轮到曾点，他"铿"的一声停止了弹琴，站起来说："我认为最好的事是：暮春三月，穿着轻便的休闲装，和五六个朋友一起，带上六七个小孩，在沂水里洗洗澡，在舞雩台上吹吹风，然后一路唱歌，一路走回家。"

孔子听了，深有感触，长叹一声说："我的志愿与曾点一样呀！"

是啊，追求简单而快乐的生活，看似平常，却需要摒弃私心杂念和功名利禄的诱惑。我们没想到，孔圣人也是想要多一些休闲时光，好去郊游、吹风、唱歌、和家人享天伦之乐啊！而这些均是返朴归真的最平常生活，看来，最简单的生活方式往往能得到最自然的快乐；大道至简，最能画出简洁明快的线条，勾勒出最绚丽的色彩。所以，生活中不要把某些事情想得过于复杂，与其求全责备，思虑万千，不如以最朴实的方式乐观地生活。

古时候，有一位商人到远方的城镇去谈生意，忽然想到朋友的生日就要到了，自己应该要买个礼物带回去祝贺，商人觉得他自己是个有品位的人，要送朋友礼物不能太寒酸，太没有品位，那会显得自己"太没档次了"。最后想来想去，决定送朋友一幅画，因为这样既显得自己高雅，又不显得寒酸。于是，他去了那个城镇上最有名的一个画师那里。商人进门之后，看到一位穿戴整齐的老人坐在椅子上，便问："老板，我想画一幅画。"老人问："请问您要画什么样的画呢？"

"我想画一幅最大气、最有深度的画，送给朋友当贺礼。"商人自豪地说着。

老人抬起头来，端详着面前这位穿戴华丽的人，问道："请问您觉得什么样的画是最大气、最有深度的呢？"

不懂画的商人，被这样反问，一时语塞不知该答什么，便说："画一幅牡丹吧。"

老人笑着说："好啊，牡丹代表大富大贵，简单明了又有意义！"于是，就现场作了一幅牡丹的画，让商人带了回去。

商人回去后参加了朋友的生日宴会，并当场将之前请老人画的那幅牡丹展示出来，所有人看了无不赞叹这幅画漂亮生动。

当商人正觉得自己送的贺礼有品位时，忽然有人惊讶地说："嘿，你们看，这真是太晦气了，这幅牡丹花的最上面那朵，竟然没有画完整，不就代表着'富贵不全'吗？"

在场的客人立刻去看，都认为没有画全，确有富贵不全的缺憾，于是议论纷纷。那个商人觉得尴尬急了，只怪当初自己没好好检查这幅画，原本的一番好意，反而在众人面前出丑，而且又不能挽回面子了，真是倒霉。

但这时候，主人却站出来说话了，他深深地感谢了这位商人，他说："各位都看到了，最上面的这朵牡丹花没有画完它该有的边缘。牡丹代表富贵，无边代表我的富贵'无边'，这张画其实是祝贺我'富贵无边'。"

众人听了无不觉得有道理，立刻报以热烈的掌声，认为这真是一幅非常具有深意且完美的画作。他们不由得佩服主人看待问题如此角度新颖，那位商人也觉得朋友替自己解了围。

生活中有很多缺陷和不尽如人意的地方，但是如果我们不纠结其中，以简单的思维和宽广的心胸去面对，以豁达的目光去审视，缺陷和不尽如人意之处也许蕴含着另一种美丽，这样看就会觉得生活更加美好。而从这个意义上说，化繁为简往往也是一种"快乐"。

第五章

勇于奉献

君子应见义而为

南怀瑾认为，见义勇为，是中华民族千百年来最为崇尚的美德之一，中国古人常常把勇为与仁义联系起来，提倡义勇结合。历朝历代，人们对见义勇为的行为总是给予应有的颂扬，官方甚至给予当之无愧的崇誉和奖赏。没有哪一个朝代不倡导"见义而为"之风尚的。

孔子认为见义勇为应作为践履仁德的条件之一，认为见义勇为合乎礼义。孟子继承孔子之说，主张为人之勇，必与大节相合，强调舍生取义的精神。兵家更是把忠勇、义勇相联，强调忠、勇、德的重要性。

人见利而为本是人之常性，就像顺水行舟，极为自然，但需勇气；义是外在客观的道德准则，是公利、他利，义利与私利之间本存在矛盾。行义，就意味着对自己私利的克制，意味着对他人不符合义的行为的对抗，所以"见义而为"，需要有极大的勇气。因此，从某种意义上讲，"见义而为"是对见利而为的一种最大的对抗。

中国古代有道君子都强调，君子应当见义而为，不应见利而为，见义而为的人是有仁义的勇士。正如孔子说："仁者必有勇，勇者未必有仁。"也就是说，具有仁义德行的人，必定有勇。但有勇者未必有仁德思想。人只有把仁与勇相融相合，统为一体，才能真正做到见义而为。

在史料中，敢于见义勇为甚至舍生取义的古代志士仁人是非常多的，墨子是其中的一个杰出代表。

墨子怀抱"救世"的情怀行义天下，认为只有义才能利民、利天下。所以，他周游列国，不仅极力宣传他的学说主张，而且尽力制止非正义的给天下百姓带来无穷灾祸的战争，达到了见义勇为的至高境界。

天下有名的巧匠公输盘，为楚国制造了一种叫作云梯的攻城器械，楚王将要用这种器械攻打宋国。墨子当时正在鲁国，听到这个消息后，立即动身，走了10天10夜直奔楚国的都城郢，去见公输盘。

公输盘对墨子说："夫子到这里来有何见教呢？"

墨子说："北方有人侮辱我，我想借你之力杀掉他。"

公输盘不高兴地说："这事我不管。"

墨子又说："请允许我送你10锭黄金作为报酬。"

公输盘说："我义度行事，绝不去随意杀人。"

　　墨子立即起身，向公输盘拜揖说："请听我说，我在北方听说你造了云梯，并将用云梯攻打宋国。宋国有什么罪过呢？楚国的土地有余，不足的是人口，现在要为此牺牲掉本来就不足的人口，而去争夺自己已经有余的土地，这不能算是聪明；宋国没有罪过而去攻打它，不能说是仁；你明白这些道理却不去谏止，不能算作忠；如果你谏止楚王而楚王不从，就是你不强。你义不杀一人，却准备杀宋国的众人，是个不明智的人。"

　　公输盘听了墨子的一席话后，深为其折服。

　　墨子接着问道："既然我说的是对的，你又为什么不停止制造云梯，不让楚王攻打宋国呢？"

　　公输盘回答说："不行啊，我已经答应过楚王了。"

　　墨子说："何不把我引见给楚王。"

　　于是，公输盘带墨子见楚王。

　　墨子对楚王说："假定现在有这样一个人：舍弃自己华丽贵重的彩车，却想去偷窃邻舍的那辆破车；舍弃自己锦绣华贵的衣服，却想去偷窃邻居的粗布短袄；舍弃自己的膏粱肉食，却想去偷窃邻居家里的糟糠之食。楚王你认为这是个什么样的人呢？"

　　楚王说："一定是个有偷窃毛病的人。"

　　墨子继续说道："楚国的国土，方圆五千里；宋国的国土，不过方圆五百里，两者相比较，就像彩车与破车相比一样。楚国有云楚之泽，犀牛麋鹿遍野都是，长江、汉水又盛产鱼鳖，是富甲天下的地方，宋国贫瘠，连所谓野鸡、野兔和小鱼都没有，这就好像粱肉与糟糠相比一样。楚国有高大的松树，纹理细密的梓树，还有梗楠、樟木等，宋国却没有，这就好像锦绣衣裳与粗布短袄相比一样。由这三件事而言，大王攻打宋国，就与那个有偷窃之癖的人并无不同，我看大王攻宋不仅不能有所得，反而还有损于大王的义。"

楚王听后说："你说得太好了！但尽管这样，公输盘为我制造了云梯，我一定要攻打宋国。"

墨子听到此，认为此时仅仅依靠说"义"是达不成自己的目的了；这时候，要想说服楚王，就需要"勇"和"智"了。墨子于是把头又转向了一旁的公输盘。

墨子解下腰带围作城墙，用小木块作为守城的器械，要与公输盘较试一番。

公输盘多次设置了攻城的巧妙变化，墨子都全部成功地加以抵御。公输盘的攻城器械用完了，而没有攻下城；墨子守城的方法却还绰绰有余。

公输盘只好认输，但是却说："我已经知道该用什么方法来对付你，不过我不想说出来。"

墨子也说："我也知道你用来对付我的方法是什么，我也是不想说出来罢了。"

楚王在一旁不知道他们两个人到底在说什么，忙问其故。

墨子说："公输盘的意思不过是要杀死我，杀死了我，宋国就无人能守住城，楚国就可以放心地去攻打宋国了。可是，我已经安排我的学生禽滑厘等 300 人，带着我设计的守城器械，正在宋国的城墙上等着楚国的进攻呢！所以，即便是杀了我，也不能杀绝懂防守之道的人，楚国还是无法攻破宋国。"

楚王听后大声说道："说得太好了！"他不再固执地坚持攻宋，而且对墨子表示："我不进攻宋国了。"

就这样，见义勇为的墨子成功地劝阻了楚王进攻宋国的计划，受到大家的推崇。

历史上，匡扶正义，"揭竿而起"的陈胜、吴广；热爱祖国、义不辱节的苏武；宁死不屈、深入虎穴擒贼的辛弃疾；"人生自古谁无死，留取丹心照汗青"的文天祥……他们把正义、信念、人格、操守看得比生命更为重要，他们在面对残暴和侵略时，见义勇为，以大无畏的精神战胜了各种威胁，战胜了酷刑折磨，战胜了死亡，他们在大是大非的问题上敢作敢为，在正义与邪恶的立场上舍生取义，他们视死如归的大无畏精神和宏伟气魄，将永远光照人间。

言必行，行必果

　　南怀瑾认为，中国历代都很重视"信"，信作为五常之一，对中华民族心理结构的形成产生了重大影响。

　　南怀瑾是忠信思想的有力提倡者，他强调，人要言行一致，重承诺，守信用。人只有"言而有信"，诚实无欺，才能取得他人的信任。他说，孔子曰"言忠信，行笃敬"，"言必行，行必果"，即认为仁义君子必须"主忠信"，"敬事而信"。

　　孔子认为信是人与人交往相处的基础，信是实现仁德的重要途径，也是治国晋身的基本准则。比如，说了的话，一定要守信用；确定了要干的事，就一定要坚决果敢地干下去。而当权者只有守信用，才能取信于民，才能得到人民的拥护。相反，统治者朝令夕改，政策多变，今日是而明日非，弄得百姓无所适从，这样的统治者人民也就不敢再相信了，日子长了就会失去民心。汉代大儒董仲舒也把信列入仁、义、礼、智中，使信成为五常之一。他认为，信是不推托，有诺必践，即人应勇于承担属于自己的责任。

中国古代，一言九鼎，一诺千金重，一言既出、驷马难追……一串串的成语和俗语，都显示了古人对诚信的推崇。

战国时的魏文侯，有一次对管理猎场的人说："两天后，我要到此来打猎。"

到了那一天，文侯因与臣僚们饮酒，正饮了一半，文侯停下了酒杯，说："天不早了，我要出去。"

臣僚们惊讶道："外面正下着雨，我们这里饮酒又很快乐，你干什么去？不要走！"

文侯说："我两天前与管理猎场的人约好的今天去打猎，不管怎么说，不好失约啊！"说完冒雨走了。

贵为君王的文侯，如此信守与人的约会，是因为他明白信义是自古以来最重要的一条道德准则，人一旦许诺，就要做到，这样才能体现出自己守信、诚实、靠得住的形象，相反，轻诺别人，轻易食言，不仅会给自己带来不守信的声誉，更会让他人看不起，有时还会严重地伤害别人。

三国时代，吴国大夫鲁肃在诸葛孔明的说动下，一时慌乱，轻率地许诺作保把荆州借给了刘备。岂知这一许诺，使得东吴最终围绕荆州，吴蜀你争我夺，东吴是"赔了夫人又折兵"，气死了周瑜，为难了鲁肃。

古代历史上还有一件失信的史事。

公元前408年，魏文侯拜乐羊为大将，率领五万人去攻打中山国。当时乐羊的儿子乐舒在中山国做官，中山国国君姬窟利用此一父子关系，一再要求乐舒去请求宽延攻城时间。乐羊为了减少中山国百姓的灾难，一而再再而三地答应了乐舒的要求。如此三次，三个月过去了，乐羊还未攻城。西门豹沉不住气了，询问乐羊为何迟迟不攻城。乐羊说："我再三拖延，不是为了顾及父子之情，而是为了取得民心，让老百姓知道他们的国君是怎样三番两次地失信于人。"果然，由于中山国国君的一再失信，失去了百姓的支持，结果一战即败。

与此相反，信守承诺的晋文公即使面临泰山压顶的危机也遵守承诺，最终得到了人心，取得了成功。

《左传》记载，晋文公时，晋军围攻原这个地方，在围攻之前，晋文公让军队准备三天的粮食，并宣布："如果三天攻城不下，就要退兵。"

三天过去了，原的守军仍不投降，晋文公便命令撤退。此时，从城中逃出来的人说："城里的人再过一天就要投降了。"

晋文公旁边的人也劝说道："我们再坚持一天吧！"

晋文公说："信义，是国家的财富，是保护百姓的法宝。得到了原而失去了信，我们以后还能向百姓承诺什么呢？我可不愿做这种得不偿失的蠢事。"

晋军退兵后，原的守军和百姓纷纷赞扬道："文公是这样讲究信义的人，我们为什么不投降呢？"于是大开城门，向晋军投降。

晋文公凭借着信义，获得了不战而胜的战果。可见信是诚的重要内容。

孔子说，"恭、宽、信、敏、惠，五者仁也，而能行五者于天下，就称得上是仁人了。"在这方面，诸葛亮的做法也非常值得一提。

三国时代，诸葛亮在祁山布阵与魏军作战。长期的拉锯战，使士兵疲惫不堪，诸葛亮为了休养兵力，每次安排把五分之一的士兵送返国内休养。

战争越来越激烈，一些将领为兵力不足而感到不安，便向诸葛亮进言说："魏军的兵力远远超过我们的估计，以现在的兵力来看，恐怕难以获胜，恳请将这次返乡的士兵延缓一个月遣送，以确保兵力。"诸葛亮说："我率军的一个基本原则是：凡是与部下约好的事情必定要遵守。"于是，依然如期遣返士兵休养。而士兵们听到这个消息后，都自动返回战场，英勇作战，结果大败敌军。

想到就说，朝言夕改；好夸海口，从不兑现；言不由衷，当面一套，背地一套；居心叵测，谎言哄骗，凡此种种之人都不是诚信之人，往往被人嗤之以鼻和唾弃。我们要不忘记古人的教导，重诚守信，一诺千金，这才是大丈夫。

结交正直、诚信的朋友

人人都有朋友，但朋友分好几种。南怀瑾认为，有些人只能做一般朋友，见面打个招呼就可以了；有些人可以互尊互敬，互相学习；有些人可以善聊天谈心但不善合作；有些人却是知心朋友，不仅能酒逢知己千杯少，还可以合作在一起成就一番大事业，而这种朋友最值得人用心交往。

古人择友，信在首要。孔子曰："益者三友，损者三友。友直，友谅，友多闻，益矣。友便辟，友善柔，友便佞，损矣。"孔子的意思是说："有益的朋友有三种，有害的朋友有三种。结交正直的朋友，诚信的朋友，知识广博的朋友，是有益的。结交谄媚逢迎的人，结交表面奉承而背后诽谤人的人，结交善于花言巧语的人，是有害的。"

东汉时，山东人范式和河南人张劭在太学学习时成了好朋友。学成后，两人约定要重聚，由范式到张劭家去，并定下了具体日期。两年后的这一天，张劭禀告母亲范式要来，请她准备酒食。张劭的母亲不信，说两地相距这么遥远（古时交通极不便），你就一定能说他今日到？可是，范式果然在这一天到了，张母说，范式真是一个讲信义的君子，与他订交，不会有错！

后来，张劭得病死了，下葬的一日，乡邻们忽然发现远处有一辆车急驰而来，白马素帷，痛哭之声相闻。张母说："一定是范式来了！"范式手执麻绳、牵着灵车为张劭落葬，说："去吧！元伯（张劭字），生死异路，无法挽回，我和你就此永别！"在场的千余人闻言同声落泪，都说没有见到像范式这样诚心诚意、信而不爽的朋友。

俗话说，多一个朋友多一条路。像范式这样的朋友可谓是世间挚友。每个人都希望能交到益友，避开损友，但人生之中要交到益友不易，很多时候难免会遇上当面对你一套、背后捅你一刀的"损友"，这种朋友一旦误交了，有时会耽误自己一生的幸福，还有的人会被这种朋友拖累得自己身败名裂，严重的可能招致"牢狱之灾"，甚至"杀身之祸"，所以人在择友时，不可不慎重。

有一师父，凡遇徒弟第一天进门，必要安排徒弟做一例行功课——扫地。过了些时辰，徒弟来禀报，地扫好了。

师父问："扫干净了？"

徒弟回答："扫干净了。"

师父再问："真的扫干净了？"

徒弟想想，肯定地回答："真的扫干净了。"

这时，师父会沉下脸，说："好了，你可以回家了。"

徒弟很奇怪，怎么刚来就让回家，不收我了？是的，是真不收了。

师父摆摆手，徒弟只好走人，不明白这师父怎么也不去查验查验就不要自己了。

原来，这位师父事先在屋子犄角旮旯处悄悄丢下了几枚铜板，看徒弟能不能在扫地时发现。大凡那些心浮气躁，或偷奸耍滑的后生，都只会做表面文章，才不会认认真真地去扫那些犄角旮旯处的，因此也不会捡到铜板交给师父的。而扫到了钱不交给师父，人品也就相应地被师傅看了出来，所以，这位师傅正是这样"看破"了徒弟，或者说，看出了徒弟的"破绽"。

还有一个故事：

唐朝元和年间，东都留守名叫吕元应。他酷爱下棋，养有一批下棋的食客。

吕留守常与食客下棋。谁如果赢了他一盘，出入可配备车马；如果赢两盘，可携儿带女来门下投宿就食。

有一天，吕留守在院亭的石桌旁与食客下棋。正在激战犹酣之际，卫士送来一叠公文，要他立即处理。吕元应便拿起笔准备批复。下棋的门客见他低头批文之状，认为不会注意棋局，迅速地偷换了一个子。哪知，门客的这个小动作，吕元应看得一清二楚。他批复完文件后，不动声色地继续与门客下棋；门客最后胜了这盘棋。食客回到住房后，心里一阵欢喜，盼望着吕留守提高自己的待遇。

第二天，吕元应携来许多礼品，请这位食客另投门第。其他食客不明其中缘由，很是诧异。

十几年之后，吕留守处于弥留之际，他把儿子、侄子叫到身边，谈起那回下棋的事，说："他偷换了一个棋子，我倒不介意，但由此可见他心迹卑下，不可深交。你们一定要记住看人看细节，交朋友要慎重。"吕元应积多年人生经验，深觉棋品与人品密不可分。

交友不是小事，交友只要仔细观察，也能看出人的品德。生活中，人的一言一行体现着人品的尺码。所以，在交友时不能不谨小慎微地恪守正直无私、光明磊落之道，要有知人之明，当你发现朋友不能真诚地待你，要自己找找自己的问题，当你看不惯朋友的行为时，要辨别是非，如果朋友品德不优，居心不良，趁早离开他们为好。

虽然在人际关系中，人要以"诚恳"的态度维持和谐的人际关系，但也要保持自己的原则性和自主性，不能无原则地接纳任何品行不端的人或者与某些不诚实之人"同流合污"，要明辨良友，谨慎择友，认识交友的重要性。而这需要我们本着以下原则：

（1）不受利诱、冷静思考。交友有一个选择和认识的过程。开始是结识和初交，在交往过程中互相了解以后，才由初交成为熟悉的朋友。朋友可以是暂时的，也可能是永久的。从学习、工作的需要出发，本着互惠互利、共同发展的原则，结交一些志同道合的朋友是有益的。朋友不仅需要志同道合，而且感情深厚，心灵相通，这样就可以从合作共事的朋友发展成生死相依、患难与共的知音知己。交朋友不要只看到对方有钱财、有势力或有高官爵位，不能单凭自己的喜爱和感情，或者有某些欲望而蓄意接近或攀交。交朋友要保持冷静的思考，仔细的考核、分析及判断，要有长远的考虑。要能结识一些相互欣赏、有情有义的朋友才是最好。

（2）自我反省。选择朋友要重视其内在涵养，特别要选择品德修养及学识思想都应该在自己之上的人做朋友，正如孔子在"学而篇"中所写"主忠信无友不如己者"，即交朋友要选择各方面能力都比自己强的人，才能对自己有益处。我们与朋友交往，应该随时自我反省检讨、改进自己的缺点，并仔细考核对方的个性与资质，要有包容之心，要能换位思考，要多发现对方的优点并主动去学习。

（3）宜精不宜多。交朋友要全心结交，特别是志同道合的工作朋友和生活朋友，而且要有一定的感情基础，要结交能鼎力相助的朋友，而不是建立在纯利益基础之上的朋友。

　　人一旦结交了朋友，要多加联系，交朋友需要有着共同或近似的经历、经过时间考验等过程，同时朋友之间的关系也是需要经营的，要留一定的时间和精力不断加深友谊。要共同经历好与坏、富与贫等，只有共担责，才能患难中见人品，获得的友谊才会是至诚的友谊，纯洁的友谊。而无论是和平时期还是困难时期，真正的朋友都会伸出援手给你帮助。

道不同，不相为谋

　　所谓"人各有志，不能强勉。"说明人与人是不同的。有句古话，"燕雀安知鸿鹄之志！"也说明人的志向有大有小。还有一句话，"道不同，不相为谋"。更是说明人与人相处要讲策略。当然，"道"在这里的含义可以非常广泛，既可指人生志向，也可指思想观念、学术主张等。

　　历史上，"齐景公逼走孔夫子"的故事，就是用的"道不同，不相为谋"的道理。

　　鲁国重用孔子后，国政大治，百姓殷实。齐景公为此深感忧虑，便对大夫黎弥说："自孔子相鲁以来，鲁国日益强大，对我国的威胁极大，这该如何是好？"

　　黎弥沉思了一会儿说："想办法逼走孔子，鲁国失去孔子，必然孱弱如初。这叫作釜底抽薪。"

　　齐景公问："孔子在鲁国正受宠走红，怎样才能逼走他？"

　　黎弥把自己的计策说了出来："俗语说，饱暖生淫欲，贫穷起盗心。今日鲁国太平了，鲁定公必有好色之念。如果选一群美女送给他，让他日日夜夜在脂粉堆里打滚。一本正经的孔子还能诚心辅佐他吗？他们君臣还能像过去一样亲密无间吗？这样一来，保管把孔子气走，那大王不是可以安枕无忧了吗？"

齐景公连称妙计，令黎弥挑选 80 名美女，教以歌舞，授以媚容。随后将这些美女和 120 匹宝马良驹送到了鲁国。

齐国的使者见到鲁定公说明来意后，马上让美女们表演。只见这些美女摇臂摆臀，巧笑媚视，轻歌曼舞，鲁定公乐得神荡魂飘，不能自已。

"大王再看看我带来的那些良马吧？"齐国使者说。

鲁定公此时的心思全在美女身上，不耐烦地说："不用看了，这些美人我还没瞧够，还提什么良马！"

自这天起，鲁定公"芙蓉帐底度春宵，从此君王不早朝"。

孔子见鲁定公沉迷酒色，不理朝政，十分忧心。他几次想说服鲁定公，但毫无效果。孔子感到自己的抱负无法在鲁国施展了，于是带领弟子周游列国去了。

孔子最早说"道不同，不相为谋"，说明在交往处世中，理想、信念、价值观不一致的人，交不到一起。中国古话还有一句十分形象的话，"人以群分，物以类聚"，形象地说明了人和自己不喜欢的人不能为伍的道理。

晋国范某有个名叫子华的儿子，他在一群门客的拥戴下，成为远近闻名且受晋王宠爱的人物，他虽不为官，其影响几乎比三卿大夫还大。

禾生和子伯是范家的上客，他们有一次外出在老农商丘开家借宿，半夜谈起子华在京城里的作为。商丘开从窗外听见后，眼前顿时闪过一线光明，既然范子华如此有能耐，干脆找他求个吉祥。第二天，他用草袋装着借来的干粮，进城去找子华。

子华家的门客都是些富家子弟，他们衣着绸缎、举止轻浮、出门车轿、目空一切。当商丘开这个又黑又瘦、衣冠不整的穷老头走来时，他们都投以轻蔑的目光。商丘开没见过大世面，说了声来找子华，就往里走。没想到他被门客拽住，又推又搡、肆意侮辱，但他毫无怒容，门客只好带他去找子华，说明来意后，商丘开被暂时收留下来。可是，门客们仍然使着各种花样戏弄他，直到招式用尽，兴味索然。

有一次，商丘开随众人登上一个高台，不知是谁喊道："如果有人能安然跳下去，赏他100两银子。"商丘开信以为真，抢先跳下去，他身轻如燕，翩然着地，没伤着一点身体，拿到了100两银子。门客们认为这是偶然，并不惊奇。

事过不久，有人指着小河深处说："这水底有珍珠，谁拾到了归谁。"商丘开又信以为真了，他潜入水底果然拾到了珍珠，此后，门客们再也不敢小看他了。

子华也给了他同别的门客一样游乐、吃酒肉和穿绸缎的赏赐。

有一天，范家起了火，子华说："谁能抢救出锦缎，我将依数重赏。"商丘开毫无难色，在火中钻出钻进，安然无恙，范家的门客看傻了眼，连声谢罪说："您原来是个神人，就当我们是一群瞎子、聋子和蠢人，宽恕我们的过去吧！"

商丘开说："我不是神人，过去我听说你们本领大，要富贵必须按你们的要求毫不含糊地去做，现在才知道我是在你们的蒙骗下莽撞干成了那些冒险事，回想起来，真有点后悔。"说完，商丘开毅然离开了。

这个故事说明，为了洁身自好，对朋友和密切交往的人不能不精心地做出选择。只有选择志同道合、志向高远的朋友交往，才能对自己的修养和人格大有裨益。

伯夷、叔齐义不食周粟，饿死于首阳山。司马迁感叹说："道不同，不相为谋。真是各人追随各人的志向啊！"这是政治态度不同不相为谋的典型。司马迁又说："世上学老子的人不屑于学儒学，学儒学的人也不屑于学老子。道不同，不相为谋。是不是说的这种情况呢？"这是思想观念、学术主张不同不相为谋的典型。

明代苏浚则将朋友分为四种："道义相砥，过失相规，畏友也；缓急可共，生死可托，密友也；甘言如饴，游戏征逐，昵友也；利则相合，患则相倾，贼友也。"形象讲述了畏友、密友、昵友、贼友的划分。对此，南怀瑾也反复强调交友要选择，要多交益友、畏友、密友，不交损友、昵友、贼友。

清代冯班认为：交朋友的作用及影响有时比老师的作用及影响还大，因为这种影响和作用是习气相染、潜移默化的，久而久之人会不知不觉地受其影响。

《孔子家语》中说："与君子游，如入芝兰之室，久而不闻其香，则与之化矣。与小人游，如入鲍鱼之肆，久而不闻其臭，亦与之化矣。"所以人们在交友时，尤应注意谨交友、慎择友的古训，要牢记"道不同，不相与谋"的道理。

严于律己，宽以待人

　　人与人相处（包括上下级、位高位低、长幼、夫妻、亲朋好友相处），难免会有各种矛盾与纠纷，那么该如何处理与他人的人际关系呢？

　　南怀瑾认为，现代人应该学习古人严于律己、宽以待人的思想精华，把"责己也重以周""其待人也轻以约"作为一种美德加以继承和发扬。韩愈在他的著作《原毁》中说："古之君子，其责己也重以周，其待人也轻以约。重以周，故不怠；轻以约，故人乐为善。"周是周到的意思，引申为严格；约是简单的意思，引申为不苟求。这段话用今天的话来说就是要求自己要严格，对待他人要宽厚。而"责己严，责人宽"，本是一种正确的处世态度。

　　孔子也说："躬自厚，而薄责于人，则远怨矣。"就是说人要严于责备自己，但责备他人则可轻一些；人要严格要求自己，但对待他人要宽待；这样，怨恨就会离你远了，他人也就不会怨恨你了。

现实生活中，有些人总是拿着放大镜看别人的缺点；但有些人却是拿着望远镜始终都欣赏他人美好的一面，这就是以"躬自厚，而薄责于人"（即"严于律己，宽以待人"）的思想要求自己的结果。中国有句古话，"水至清则无鱼，人至察则无徒。"从另一个侧面说明苛责他人他事的负面作用。

相传佛学大师雅纯年轻时读书，对老师非常不满，总是抗拒并排斥老师的要求与教导。

一天，院长星云大师找到她，问道："听说你对老师很不满，那你说说，你对她有哪里不满。"雅纯抓住机会，开始数落老师的不是，一说就是半个小时。星云大师没有打断她的数落，还不时要求雅纯再举几个例子，直到雅纯再也想不起还有什么例子可以证明老师的过错时，星云大师说："你讲完了，现在换我讲了。"雅纯点点头。

大师说："你的个性黑白分明、疾恶如仇。"

雅纯点点头说："师父，您说得真准，我正是这样的人！"

大师又说："你可知道，这世界是一半和一半的世界：天一半，地一半；男一半，女一半；善一半，恶一半；清净一半，污秽一半。但因为你的个性两端，太可惜了，你拥有的是不完整的世界。"

雅纯听了之后，愣了会儿，问道："为什么我拥有的是不完整的世界呢？"

　　大师说："因为你过于追求完美，只能接受完美的一半，不能接受残缺的一半，只愿面对美好的一面，不能面对不美好的一面，而我们所居住的世界是由诸多方面组成的，毫无圆满可言，也没有绝对的公平，因此，你的个性让你拥有的只可能是不完整的世界。"

　　雅纯听完星云大师的一席话，茅塞顿开，问道："那我该怎么办呢？"

　　大师继续开示她："学会包容不完美的一半，你就能拥有一个完整的世界了。"

　　这个故事告诉我们，世界本来是不圆满的，有欠缺的，如何看待一件事情，取决于我们的心。人要有宽阔的胸怀，容得下与己不一样的其他人，容得下各种各样的事物，容得下千奇百怪的思想，容得下来自各方面的好坏评价。每个人对于生活中的诸多事情，都要有不在意、换个角度看的思想，对他人要有忍人所不能忍，容人所不能容的胸怀，交往时要低调、主动退让，宽以待人，少计较得失，这对人于己都会是有利的。

　　春秋战国时，有一次楚庄王举行宴会，招待他的一批得力臣下。他让自己一位心爱的美姬为众人斟酒，以助酒兴。夜幕初降时，众人已有几分醉意，这时，一阵风吹灭了烛火。黑暗中，有人借着酒意，趁机拉住斟酒美姬的衣袖，但被此美姬挣脱了。美姬机灵，顺手拉断了那人的帽缨握于手中。

烛火点燃之前，美女来到楚庄王座前，拿出帽缨，非要楚庄王查出此人，严加惩处，为自己出气。

虽然美姬是悄声说话，但坐在楚庄王旁边的臣下们已猜出几分，不禁替那位冒失的人捏了一把汗。而那位冒失之人已吓得冷汗淋漓，面如土色，垂头丧气。现场气氛十分紧张，但庄王却不动声色，似乎什么事都没发生。

楚庄王大声下令："今天，有这么多的猛将良臣与我共饮，我觉得十分痛快。咱们继续喝，不醉不罢休。还有，谁不把帽缨扯断，谁就没有痛饮尽欢，我就要罚他！"

所有的臣子们都拉断了自己的帽缨，放胆狂饮，直至东倒西歪才尽兴离去。

不久，在楚国围困郑国的一场重要战事中，一位武士特别勇敢，带头冲入敌阵，交锋五个回合，便杀了五六个敌人。他的神勇极大地鼓舞了楚军将士的斗志，大家齐声呐喊，冲向敌军。郑国军队被吓得乱了阵脚，丢盔弃甲，狼狈而逃。楚军大获全胜。

之后，楚庄王派人慰劳这位武士，一打听，才知他就是上次宴会上被自己美姬拉断帽缨的人。

试想，如果楚庄王在那次宴会上因此事而责罚那人，那人还会在日后对他以死相救吗？所以做人需要大度，对人不过分严厉，才能使你与他人的关系平和，而对自己严责，会时时反省自己还有哪些方面需要改正，让自己品行、德行高尚起来。古时仁人智者，深明"躬自厚，而薄责于人，则远怨矣""责己也重以周""其待人也轻以约"的道理。

南怀瑾多次对人们说："人非圣贤，孰能无过"，为人处世应该多替他人考虑，多从他人的角度看待问题，宽容地对待他人。中国古代哲学家荀子说过一段精僻的话："君子贤而能容罪，智而能容愚，博而能容浅，粹而能容杂。"即说明善于用人者，大都是责己严，待人宽，而一些领导者不仅宽以待下属，甚至对待下属的过错也很宽大，使下属死心踏地忠诚于自己。

正己思想，以身作则

南怀瑾认为，多读《论语》等中国传统经典，对于现代人是非常有帮助的。比如孔子的德治核心是教化，而教化的形式主要是传教者的身教，即以身作则，为人表率，努力做出榜样树立威信。

在《论语》中，孔子曰："其身正，不令而行；其身不正，虽令不从。"就是说："统治者为人表率，即使他不下命令，百姓也会学着他的样子做；但如果统治者行为不正，即使他下了命令，百姓也不服从。"孔子还指出说："政者，正也。子帅以正，孰敢不正？"这里的"正"，是端正的意思，延伸说，是表率的意思。

南怀瑾认为，孔子的"正己"思想，既是对历史经验的深刻总结，也是对当时的现实深入剖析的结果。因为孔子的理想社会，是贵族统治的社会，是能长治久安的社会，而被统治的广大劳动人民也能安居乐业。他认为，社会能否安定富裕，关键在于操纵国家命运的贵族统治阶级是否具有高尚的伦理道德，是否能"敬德保民"。所以，他对当时贵族统治者的伦理道德修养寄予了殷切的希望。他认为，春秋时期的社会大动乱，最重要的原因在于各级贵族缺乏伦理道德的高尚修养，因而，在处理国家事务时背离了伦理道德原则。于是，纲纪不正，逐步演化成天下大乱。要挽救这一局面，首先就需要贵族统治者临危不惧，猛醒过来，自觉提高道德修养，身体力行。只有这样，才能用道德规范去指导国家事务，教民化俗。然而，当时的统治者根本听不进孔子的这种观点。摆在孔子面前的，是贵族统治者实际生活的腐败、堕落。所以，他才提出了这样的主张。当然，孔子的思想肯定是打上了封建时代的烙印，他的思想也是为统治阶级服务的。但他的"正己"思想如果我们换个角度来看，对我们还是有帮助的。即"做人"要做以身作则的人，要做端端正正的人。

南怀瑾认为，人对自己是需要管理的，而管理的成败关键在于能否"正己"。也就是思想是否正，作风是否正，行为是否正，从而实现统一意志，统一步调，统一行动。扩展到一个组织也是一样，能不能思想正，作风正，行为正，团结起来，统一步调，一致行动非常重要。而具体到组织实现"正"，关键在于领导者。领导者的一举一动都受到部下的关注，因而在这种情形之下，领导者要为人表率，带头端正自己的思想、作风、行为，使组织更加牢固，集体更加团结，然后才能向前发展。相反，如果领导者自身不端正，而要求被管理者端正，那么，纵然领导者三令五申，被管理者也是不会服从的。

在这方面，唐太宗绝对是"正己"、严格自我要求的表率。他说："身为国君必须先以人民的生活安定为念。压榨人民而自己却过着奢侈浪费的生活，无疑是割取自己腿上的肉吃一样，虽然吃饱了但是身体也糟蹋了。倘若希望天下安泰，首先必须端正自己的姿态。迄今为止，尚未听说直立的身体却映出弯曲的影子，也没听说过端正的君主治理下的政治，百姓会胡作非为。"

有一次，唐太宗与魏征聊天。

唐太宗说："为政者自取灭亡的原因不外乎是为政者为了满足自身的欲望罢了。比如，吃山珍海味，又沉溺于歌舞笙笛与美女之中，欲望越发膨胀，所需的费用也将随之增加，如此一来，不但无暇顾及政治，甚至会使人民陷于困苦的地狱之中。结果君王只要说出一点不合理的话，人民的心就马上起伏不定，谋反的人趁机出现。由鉴于此，我极力压抑自己的欲望。"

魏征听后说："自古以来被尊崇为圣人的君主都努力实践'正己'这件事，所以才能够开创理想的政治。从前楚庄王聘请詹何来询问政治的要义，詹何回答他，君主首先要端正自己的行为。楚庄王又问他具体的政策，但他的回答仍是要端正自

己的行为，他说只有君王本身行得正国家才会清明。所以陛下
所说的，其实正和古代贤者的意思相同。"

唐太宗不愧为一代明君，他努力端正自己的行为，始终以
"正己"的态度来处理政事，他很自律了，但他仍然常常反省
自己是不是做得不够彻底。

有一次，他向魏征表示自己的这种不安：他说，"我一直
努力端正自己的行为，但是不管怎么努力，也不及上古时代的
圣人，我要怎样做才能达到圣贤的水平呢？"

魏征听后说："从前鲁哀公曾告诉孔子：'有一个健忘的
男子，在搬家的时候连自己的太太都给忘了。'孔子听后回答
说：'不，还有更严重的呢。像桀和纣等暴君不要说自己的太太，
甚至连自己都忘了呢。'陛下只要经常反省自己，时时留心国
家大事，大公无私，就不会受到后世子孙的嘲笑。"

由此观之，如果领导者能够率先做出表率，修正自己的行
为，公而忘私，那么下属就会群起效法，端正自己的品格行为。

"桃李不言，下自成蹊。"榜样的力量是无穷的。一位高
明的领导者，既重视言教，更重视身教，会用纲领、宣言、决议，
来启发、组织、调动群众，也会以自身的言行起示范、导向作用，
以取得人们的充分信赖，上下一心促进纲领、决议所规定目标
的实现，把精神变成巨大的物质力量。

孔子说："能唤起人尊崇，甘愿践行其原则的，是德与礼，

而不是法（刑政）。"就是说用优秀的个人品质树立威信，比过于严肃的纪律和苛刻的惩罚更有效。

榜样的力量是无穷的：当榜样，做表率，首先要身先士卒，一诺千金、任劳任怨、赏罚分明、敢于担当、一视同仁，起模范带头作用。而遇到困难时，有决心、有能力带领大家一起走出困境，而不是自己先当逃兵。

第六章

厚德载物，以德化人

不把学礼、知礼当小事

　　南怀瑾认为，中国素有礼仪之邦的称号，知书达礼在传统文化中占据着非常重要的地位，人们用礼仪来维护和表达感情是常情。他说："礼"这个字，在《论语》中出现了75次。而孔子说："非礼勿视，非礼勿听，非礼勿言，非礼勿动。"阐明了礼的重要性。

　　《诗经》在孔子看来，"《诗》三百，一言以蔽之，曰'思无邪'"，不仅'思无邪'，而且"可以兴，可以观，可以群，可以怨，迩之事父，远之事君，多识于鸟兽草木之名"。《诗经》在当时简直就是一部百科全书，无论是外交谈判还是社交场合，引《诗经》蔚为风气，所以孔子说"不学《诗》，无以言。"而"思无邪"就是礼。至于说礼的重要性，那就更是不言而喻的了，礼是社会成员共同遵守的行为规范，古代的礼在很大程度上相当于我们今天的法。所以，礼既然具有如此重要的意义，不学礼，不懂礼的人怎么能够在社会上立身处世呢？这就是"不学礼，无以立"的道理所在。

　　由于古代的礼是一个内涵非常丰富的概念，所以在不同的场合，孔子对礼的所指，有不同的侧重，概括起来，主要有以下几个主题：

　　第一是指周礼，就是周公所制定的西周礼制。孔子特别推崇周公，他说："甚矣，吾衰也！久矣，吾不复梦见周公。"他感叹自己的年衰，居然许久没有梦见周公了！程子说，由这句话可以知道，孔子盛年的时候，"寤寐长存周公之道"。孔子之所以崇拜周公，是因为周公首创的那套制度的文明和完美。他说："周监于二代，郁郁乎文哉！吾从周。"意思是说，周礼是在借鉴了夏、商两代为政得失的基础上制定的，典制粲然大备，足以为万世规鉴，所以他表示了"从周"的立场。

　　西周开国之初，周公制礼作乐，奠定了中国传统文化的基调。这套制度之所以为后世所称道，是因为它是以道德为核心而建立起来的，由此确立了道德在治国理念中的主导地位，这对于中国历史的发展方向，产生了极为深远的影响。到了春秋时期，由于种种原因，这套制度瓦解了，世道大乱，史称"礼崩乐坏"。贵族们为了权和利，彼此征战不息，所以自古有"春秋无义战"的说法。孔子向往周公之礼，既是他对春秋乱世的不满，也是他对西周道德礼制的向往。

　　第二，礼是体现德治、仁政的途径。周公最早提出"德治"的理念，孔子又提出了"仁"的思想，这在中国古代思想史上具有十分重要的意义。但是，德和仁都是非常抽象的概念，无形、无色、无声、无嗅。对于知识程度较低的人来说，甚至会觉得虚无缥缈。而礼则把德和仁赋予成具体化的制度或者行为方式。

先秦历史上有儒法之争，争论的焦点，是实行礼治还是法治。法家认为，政令的推行要依靠法，凡是不从令者，就要用刑罚加以惩处，这样，老百姓就不敢作乱了。而儒家则主张以道德教育为主，通过礼来规范和整齐民众的行为。孔子在评价这两种治国之道时，说过一段非常有名的话："道之以政，齐之以刑，民免而无耻；道之以德，齐之以礼，有耻且格。"即"道之以政，齐之以刑"的结果是"民免而无耻"，老百姓不去触犯法律，是因为畏惧刑罚，并没有羞耻之心。而"道之以德，齐之以礼，有耻且格"是用礼来保证道德目标的实现，结果就不同了，老百姓因为有了羞耻之心，不仅不会去做坏事，还会"格"，就是有上进心。所以礼是体现德和仁的具体形式，离开了德和仁，礼就不成其为礼。当然，礼也要推行、传播。孔子说："人而不仁，如礼何？人而不仁，如乐何？"即一个没有仁爱之心的人，怎么会去推行礼和乐呢？也就是说，推行礼的人首先应该是一名仁者，一名富于爱心的人。可见，礼与仁是互为依存，相辅相成的。

第三，礼是修身的基础。在人类社会中，如果任何人都可以放纵自己的行为，那么，人就和禽兽没有了区别，社会也就没有了起码的秩序，也就没有办法再维持下去。所以，儒家和法家，尽管政见不同，但都认为人的行为是需要约束的，双方的分歧主要在于究竟用什么来约束人的行为。孔子主张用内在的道德力量来约束自我，他说："君子博学于文，约之以礼，亦可以弗畔矣夫。"作为一名君子，一方面要"博学于文"，广博地学习文献，积累深厚的知识，同时要"约之以礼"，用礼来约束自己的言行，因为礼是根据道德原则制定出来的。只要在这两方面都做好了，就一定可以做到"弗畔"，也就是不背离"道"了。

每个人都有天然的缺陷，每个人的性格都有弱点。因此，无论是哪种性格的人，如果不学礼，不懂礼，不约束自我，都达不到理想的境界。南怀瑾在这方面举例说，恭敬而不懂得礼的人，就会空自劳碌。谨慎而不懂得礼的人，就会胆小怕事。勇敢而不懂得礼的人，就会莽撞从事。直率而不懂得礼的人，就会说出伤人的话。平心而论，恭、慎、勇、直这四种性格都不是什么不好的性格，但是如果离开了礼的指引，常常都不会结出"正果"。

可见礼从某种意义上说是社会的，可以维护社会各项制度，严格区分尊卑长幼亲疏，使人人各安其位、各守其业。孔子又说，"君君、臣臣、父父、子子"，即君要像君，臣应像臣，父应像父，子应像子。这就明确告诉人们：每一个人都有自己特定的社会角色，超越了自身的社会角色，就是对礼的僭越。礼是从整个社会结构的角度去规范人，去要求人。在礼面前，人有贵贱之分，长幼之序，亲疏之别；礼是规则，违礼则错，所以孔子说："人光有质朴的品格，不注重礼节仪表，就会显得粗野；但人只注重礼节仪表，缺乏质朴的品格，也会显得虚浮。只有配合适当，才算得上一个有教养的人。"

《论语》中还有这样一段话："事君数，斯辱矣；朋友数，斯疏矣。"意思是："服侍君主太频繁琐碎，反而会招来羞辱；与朋友相交太频繁琐碎，反而会遭到疏远。"这说明君臣之间也好，朋友之间也好，保持一定的距离才是全交之道。数是指在与人交往的时候，要注意礼貌和恭敬，对君主、好朋友即使关系再亲密，也要以礼相待，切不可失去礼数，更不能摆正不了自己的位子，轻易涉足对方的禁区。

南怀瑾认为，君子应学礼，不把知礼当小事，平时也要表现出良好教养，文质彬彬。就像孔子所说，一个君子，不但要有良好的内在品质，而且应有良好的礼仪教养和举止风度，做到内在美和外在美相统一。人只有良好的品德而失去了恰当的表现方式，也是得不到好结果的。而一味追求文雅的表现形式，以至于冲淡了内在品质的修养亦不会得到良好的结果。而文质彬彬、内外兼修才是君子应具备的人格标准，也是知识分子追求的最高境界。孔子本人既是一位注重内在品德的修养，又注重外在进退的礼节、举止言谈有风度的人。中国人的"儒雅风流"就是对孔子所倡导的文质彬彬君子之风的继承和发展。下面这个故事形象地证明了这一点。

春秋时期，卫国有个名叫哀骀的人，一无权位二无财产，也没有什么高深的理论和显赫的功绩，他的容貌也很丑陋，但不管是男人还是女人都非常喜欢和他交往。这使得鲁哀公惊异不已，于是就派人把他从卫国请到鲁国加以考察。

相处不到一个月，鲁哀公觉得他在平淡中确有不少过人之处，不到一年，就很信任他了。

不久，宰相的位置空缺，鲁哀公便让他上任管理国事，可他却淡淡然无心做官，虽在再三要求下参议了国事，但不久他还是谢辞了高位厚禄，回到他在卫国的陋室中去了。

对此，鲁哀公求教于孔子："他究竟是怎样一种人呢？"

孔子借喻道："我曾经在楚国看见一群小猪在刚死的母猪身上吃奶，一会儿都惊恐地逃开了，因为小猪发现母猪已不像活着时那样亲切。可见小猪爱母猪不是爱它的形体，而是爱主宰它形体的精神，爱它内在的品性。哀骀这个人虽然外表不美，但他知书达礼的品德和才情等内在之美必定已超越一般人很多，所以您和许多人才喜欢他。"

是的，孔子所说的礼，虽是指以道德为内涵的国家典制，是德与仁的具体表现，但也是修身的法则。孔子关于礼的见解，不仅在当时是正确的、健康的，代表了社会的理性思潮，而且在两千多年之后的今天，对我们仍有重要的启示，比如注重"礼"，就是讲礼貌、讲礼仪，要培养好的气质、好的内涵。我们千万不要认为对人有礼貌、讲礼仪、有气质、有内涵是细枝末节的小事，可以不在乎。

在拥挤的公共汽车上常常遇到这样的事：一个人不慎踩了另一个人的脚，这个人马上诚恳地向对方表示歉意，说："对不起！"被踩的人虽疼痛未消，却也表示了谅解："没关系！"同类情况，在一些场合却会出现另一种局面：踩人者无动于衷，被踩者骂骂咧咧。于是开始了一场舌战，最终你来我往，吵得不可开交。

同一件事，为什么会有截然不同的态度、截然不同的结果呢？很简单，只因前者知礼，后者无礼，所以，人一定不要小看了礼的重要性，一声"对不起"，不仅体现了人的修养和道德，还可以化干戈为玉帛，使一场无谓争执化为乌有，使一触即发的冲突烟消云散！

讲礼、讲礼貌绝不是"形式主义"，它所表达的是具有一定内容的情感，概括起来说就是"尊重"和"友爱"。生活中，我们应该处处事事重视礼节，学习礼节，把知书达礼、重视礼仪当成生活中的常态，这样才能得到别人的尊重和喜爱。

既往不咎，宽以待人

南怀瑾认为，宽容不但是做人的美德，也是一种明智的处世原则，是人与人交往的"润滑剂"。而他人犯了错，能既往不咎，不仅可以免除自己的厄运，还会因为宽容他人一时的狭隘和刻薄，在自己的前进路上搬掉一块又一块绊脚石；所以，人的所谓的幸运，是自己为自己谋来的，因为有意、无意中对他人一时的恩惠和帮助，常常拓宽了自己的道路。

孔子在《论语》中记载，鲁哀公问宰我，"土地神的神社应该种什么树？"宰我回答："夏朝植松树，商朝植柏树，周朝植栗子树。植栗子树使老百姓战栗恐惧。"孔子说："已经做过就不要再说了，已经完成的事就不要再提了，过去了的事就不要去责备了。"

孔子主张"既往不咎"，即已经过去的事，就不要再追究了，就像人有了过失，教育了，认识了，改正了就好。这是宽以待人的一个重要表现。孔子说："伯夷叔齐不记人过去的错事，因此别人也不怨恨他们。"

苏东坡的《河豚鱼说》讲了这样一个故事：

南方的河里有一条豚鱼，游到一座桥下，撞在桥柱上。它不怪自己不小心，也不想绕过桥柱，反而生起气来，认为是桥柱撞了自己。它气得张开嘴，竖起颚旁的鳍，胀起肚子，漂在水面上，很长时间一动也不动。飞过的老鹰看见它，一把抓起来，把它的肚子撕裂。这条豚鱼就这样成了老鹰的食物。

苏东坡就此发议论说：这条河豚鱼，"因游而触物，不知罪己"。即不去改正自己的错误，却"妄肆其忿，至于磔腹而死"，真是可悲！

人非圣贤，一个不能宽待自己的人只会郁郁寡欢，一个太吝惜自己的私利而不肯为别人让一步路的人最终会无路可走；一个一味逞强好胜而不肯接受别人见解的人最终会陷入孤立；一个求全责备而不肯宽容别人一点瑕疵的人最终会成为孤家寡人。

宽容并不意味着对恶人横行的迁就和退让，也非对自私自利的鼓励和纵容。谁都可能遇到情势所迫的无奈、无可避免的失误、考虑欠妥的差错。所谓宽容就是以善意去宽待有着各种缺点的人，就像大海因其宽广而容纳了众多小溪，人若胸怀宽广必会大度而容人。

《菜根谭》中讲："路径窄处留一步，与人行；滋味浓的减三分，让人嗜。此是涉世一极乐法。"可谓深得处世的奥妙。

诸葛亮七擒孟获的故事家喻户晓，他以自己的宽宏大度制伏了叛军，收服了人心，不能不让人敬佩和赞许。

孟获是三国时蜀国南方少数民族的首领，率众起兵反叛，诸葛亮奉命率兵去平定。当诸葛亮听说孟获不但作战勇敢，而且在南中各个地区的部族人民中很有威望时，就想到如果把他争取过来，会使蜀国有一个安定的大后方。于是，下令对孟获只许活捉，不得伤害。当蜀军和孟获的部队初次交锋时，诸葛亮授意蜀军故意退败，引孟获追赶。孟获仗着人多势众，只顾向前猛冲，结果中了蜀军的埋伏，被打得大败，自己也做了俘虏。当蜀军押着五花大绑的孟获回营时，孟获心知此次必死无疑，便刁钻使横，破口大骂。谁知一进蜀军大营，诸葛亮不但立即让人给他松了绑绳，还陪他参观蜀军营寨，好言劝他归降。孟获野性难驯，不但不服气，反而倨傲无礼，说诸葛亮使诈。诸葛亮毫不气恼，放他回去，二人相约再战……就这样七擒七纵，终于感化了孟获。

孟获回去之后，说服各个叛乱部落全部投降，南中地区重新归属蜀汉控制。自此，蜀国的大后方变得稳定，南方各族人民也得以休养生息，安居乐业。

常言说，事不过三。一般人忍让一次两次都可以，再三再四就有些按捺不住。但是诸葛亮却为了自己后方的稳定而对孟获捉了放，放了捉，耐着性子忍下去，并没有因为孟获的行为而放弃。诸葛亮之所以这样做，就是想以德服人，以德报怨，使孟获心悦诚服，下定决心不再叛乱，为自己获得一个稳固安定的后方，使国内人民免于战乱之苦，同时也能逐渐积蓄力量以对付魏吴的觊觎和侵略。如果诸葛亮对孟获的傲慢无礼和不识时务无法忍耐，抓住之后一刀杀掉，那也就只能出一时之气，反而会激起其他各族人们的敌忾，竞起效尤，那么他就会疲于应付南蜀的叛乱，也就不会再有后面的北伐曹魏、六出祁山的壮举了。

人一定要学着去宽厚地待人，特别是他人犯错后能够既往不咎，这样做不仅不会给我们造成任何损失，反而会使自己、他人都受益，利己利人。在中国古代，还有这样一个著名的故事让人受益匪浅：

晋绰公执政时期，有个叫解狐的大夫，他为人耿直倔强，公私分明，晋国大夫赵简子和他十分要好。

解狐有个爱妾叫芝英，生得貌美体娇，如花解语，深得解狐的喜爱。可是有一次有人告诉解狐说，他的家臣刑伯柳和芝英私通。解狐不信，因为刑伯柳人很忠实。那人于是决定用计使刑柏柳和芝英暴露原形。

第二天，解狐突然接到晋君旨意，要到边境巡视数月。由于任务紧急，解狐连亲近的幕僚刑伯柳都没带，就匆匆出发了。

真是天赐良机，芝英不由心中窃喜。可是前两天她还不敢去找刑伯柳，第三天，她实在熬不住了，就偷偷地溜进了刑柏柳的房间，俩人正在房中卿卿我我、如胶似漆的时候，房门突然大开，解狐满面怒容，带着侍卫站在那儿。原来，他根本没接到命令要去巡边，而是就在附近躲了起来，一接到报告，就马上回府，果然逮个正着。

解狐把俩人吊起来拷打细审，得知原来芝英爱慕刑伯柳年轻英俊，就找机会勾搭成奸。知道情况后，解狐怒火更大，他把俩人痛打一顿，双双赶出了解府。

后来，赵简子领地的国相职位空缺了。赵简子就让解狐帮他推荐一个精明能干、忠诚可靠的国相。解狐想了想，觉得只有他原来的家臣刑伯柳比较适合，于是就向赵简子推荐了他。

赵简子找到刑伯柳后，就任命他为自己的国相，刑伯柳果然把赵简子的领地治理得井井有条。赵简子十分满意，夸奖他说："你真是一个好国相，解将军没有看错人啊！"

刑伯柳这才知道是解狐推荐了自己。但自己是解将军的仇人，解将军为何却要举荐自己呢？刑伯柳决定拜访解狐，感谢他不计前嫌，举荐了自己。

刑伯柳通报上去后，解狐叫门官问他："你来是因为公事还是因为私事？"刑伯柳向着府中解狐住的地方遥遥作揖说："我今天赴府，是专门负荆请罪来了。刑伯柳早年投靠解将军，蒙将军晨昏教诲，像再生父母一样。但伯柳做了对不住将军的事，心中本就万分惭愧。现在将军又不计前嫌，秉公举荐，更叫我感激涕零。"

门官将刑伯柳的话通报上去。刑伯柳站在府门前等候，却久久不见回音。他正在疑惑难解的时候，解狐突然出现在门前台阶上，手中张弓搭箭，向他狠狠射出一箭。他还来不及躲闪，那箭已擦着他耳根飞过去了。刑伯柳被吓出了一身冷汗。解狐接着又一次张弓搭箭瞄准他，说："我推荐你，那是为公，因为你能胜任；可你我之间却只有夺妻之恨，你还敢上我的家门来吗？再不走，射死你！"

刑伯柳这才明白，解狐依然对自己恨之入骨，他慌忙远施一礼，转身逃走了。

解狐能公私分明到这种境界，宽容的心态颇值得赞叹。

天不言己高，地不言己厚，什么叫作比海洋还要宽广的宽容？故事中的解狐就给我们做出了表率。宽容的人，虽然有自己的原则和爱憎，但会以国家利益为重，会顾全大局，关键的时候甚至能舍去自己的私利而顾公利益。

所以在生活中，当我们的利益和别人的利益发生冲突，友谊和利益不可兼得时，为了避免冲突，维持更加和谐的人际关系，首先要考虑舍利取义，宁愿自己吃一点亏，在不伤及自己利益或伤及利益的时候，更要对别人抱持宽容的态度。

不骄傲，要谦虚

　　南怀瑾认为，谦虚谨慎是每个社会人必备的品格。具有这种品格的人，在待人接物时能温和有礼、平易近人、尊重他人，善于倾听他人的意见和建议，能虚心求教，取长补短。对待自己有自知之明，在成绩面前不居功自傲；在缺点和错误面前不文过饰非，能主动采取措施进行改正。

　　孔子一向注重对谦虚谨慎这一品格的培养，还经常对弟子言传身教。

　　一次，孔子带着学生到鲁桓公的祠庙里参观的时候，看到了一个可用来装水的器皿，形体倾斜地放在祠庙里。在那时候把这种倾斜的器皿叫欹器。

　　孔子便向守庙的人问道："请告诉我，这是什么器皿呢？"守庙的人告诉他："这是欹器，是放在座位右边，用来警诫自己，如'座右铭'一般用来伴坐的器皿。"

　　孔子说："我听说这种用来装水的伴坐的器皿，在没有装水或装水少时就会歪倒；水装得适中，不多不少的时候就会是端正的。里面的水装得过多或装满了，它也会翻倒。"说着，孔子回过头来对他的学生们说："你们往里面倒水试试看吧！"

学生们听后舀来了水，一个个慢慢地向这个可用来装水的器皿里灌水。果然，当水装得适中的时候，这个器皿就端端正正地在那里。不一会儿，水灌满了，它就翻倒了，里面的水流了出来。再过了一会儿，器皿里的水流尽了，又倾斜了，像原来一样歪斜在那里。

这时候，孔子便长长地叹了一口气说道："唉！世界上哪里会有太满而不倾覆翻倒的事物啊！"

这就是教育我们，骄傲自满的人正如这个因太满的水器一样会倾覆翻倒，因此，做人一定要低调、谦虚谨慎，不骄傲自满。

谦虚谨慎永远是一个人建功立业的前提和基础。俗话说："满招损，谦受益。""人之不幸，莫过于自满。""人之持身立事，常成于慎，而败于纵。"

李时珍因为《本草纲目》而流芳后世。然而，《本草纲目》之所以能写得如此精确，却与李时珍的谦虚不无关系。李时珍为了弄清一些药物的作用及生长情况，他除了亲自品尝、走遍许许多多山川外，还虚心地向各地的药农请教。也许，如果李时珍当时不去向药农请教，《本草纲目》的成就和价值就不会有今天这么大。

一个人不论从事何种职业，只有谦虚谨慎，才能保持不断进取的精神，才能增长更多的知识和才干。因为谦虚谨慎的品格能够帮助我们看到自己的差距，永不自满，否则，骄傲自大就会满足现状，停步不前，不学无术。

从前有两个小和尚，一个姓黑，一个姓白，为了拜师学艺，做进一步的修炼，他们讨论各自分开去寻求名师。同时，他们俩也约定好，10 年后的今天，他俩一定再回到分手位置的渡船码头，不见不散。

岁月如梭，10 年一晃就过去了！两人依约回到渡船码头见了面，白和尚问黑和尚说："黑老大！你的功夫一定很精进，你老兄练就了什么绝活呢？"

黑和尚很自豪地说："我拜了一位达摩禅师的传人为师，练就了'芦苇渡江'的无上功夫，现在就让你开开眼界！"说完后，立刻摘下一根芦苇草，丢入江中，乘着芦苇草渡江而过。等白和尚也跟着其他的人坐着渡船过江，两人刚一碰面，黑和尚就很得意地向白和尚说："白老弟，你看如何？伟大不伟大？你老弟练了什么无上的功夫？赶快也露一手,让咱家瞧一瞧！"

白和尚很不好意思地左瞧瞧右瞧瞧，才低声地说："我好像什么都没有练，咱师父教咱每天只管认真地吃饭，认真地睡觉，专心一意地当和尚，连敲钟念经都要很专一，万般事情努力去做，而后一切随缘而行！咱师父说这是无上的'智能与心法'，我也不知道对不对！"

黑和尚听了之后，哈哈大笑，没好气地大声说道："这也算是功夫？你这 10 年都白混了？"

白和尚听了这话后，先露出不置可否的表情，然后正经八百地问黑和尚："黑大哥，你还练了其他功夫吗？"

黑和尚不屑地瞄了白和尚一眼，回问白和尚说："老弟啊！难道我用 10 年的时间，练就达摩神功的'芦苇渡江术'还不算精进吗？"

白和尚搔了搔头，回答："黑大哥，你是很厉害！可是我只要付给船夫 3 文钱就可以渡江，为什么你要花 10 年的时间去练'芦苇渡江术'呢？难道你的 10 年功夫只值 3 文钱？"

黑和尚当场愣住了，哭丧着脸，一下子不知如何作答！

"要是没有船呢？"黑和尚的师父不知何时来了，他突然朗声说道。

这回白和尚语塞了。

世上没有无用的功夫，人不能狂妄自大，但也不能妄自菲薄；应该以谦虚的心态看待自己和别人，取长补短，这样才能很快进步。

大直若屈，大巧若拙，大辩若讷

南怀瑾认为，"大智若愚"，并不是真的愚，而是把真正的大智慧隐藏起来，即"守愚"。《老子》说："大成若缺，其用不弊。大盈若冲，其用不穷。大直若屈，大巧若拙，大辩若讷。"就是说最完满的东西，也会有残缺，但它的作用不会衰竭；最充盈的东西，好似是空虚一样，但是它的作用也是不会穷尽的。最直的东西，也不是绝对的直；最灵巧的东西，看着好似最笨拙的；最卓越的辩才，看上去好似不善言辞一样。

有时候，人在关键时刻并不需要太多的言行表现，"此时无声胜有声"，反而会使人慑服，出奇制胜，老子所说的"大辩若讷"就是这个道理。

三国时，诸葛亮设下空城计。诸葛亮带一个侍卫在城头抚琴，司马懿率百万之众杀至城下，诸葛亮表情自然，谈笑风生。但越是怡然自得，越是令司马懿心中不安，狐疑多时，不敢贸然攻城。最终传下令去，撤军回营，退避三舍。

诸葛亮不动一兵一卒，反而吓退了司马懿百万雄兵；如果诸葛亮不淡定，以硬抗硬，势必会城破人亡，性命难保。

这就是老子所主张的"无为"战胜"有为"。历史上公孙弘不作辩解赢美名的故事也与诸葛亮的空城计有异曲同工之妙。

汉代公孙弘年轻时家贫，后来贵为丞相，但生活依然十分俭朴，吃饭只有一个荤菜，睡觉只盖普通棉被。就因为这样，大臣汲黯向汉武帝参了一本，批评公孙弘位列三公，有相当可观的俸禄，却只盖普通棉被，实质上是使诈以沽名钓誉，目的是骗取俭朴清廉的美名。

汉武帝便问公孙弘："汲黯所说的都是事实吗？"

公孙弘回答道："汲黯说得一点没错。满朝大臣中，他与我交情最好，也最了解我。今天他当着众人的面指责我，正是切中了我的要害。我位列三公而只盖棉被，生活水准和普通百姓一样，确实是故意装得清廉以沽名钓誉。如果不是汲黯忠心耿耿，陛下怎么会听到对我的这种批评呢？"汉武帝听了公孙弘的这一番话，反倒觉得他为人谦让，更加尊重他了。

公孙弘面对汲黯的指责和汉武帝的询问，一句也不辩解都承认，这是何等的一种智慧呀！汲黯指责他"使诈以沽名钓誉"，如果他百般辩解，旁观者会先入为主地认为他在为自己辩解、"使诈"。公孙弘深知这个指责的分量，采取了十分高明的一招，不作任何辩解，承认自己沽名钓誉。这其实表明自己至少"现

185

在没有使诈"。由于"现在没有使诈",被指责者及旁观者都认可了,也就减轻了罪名的分量。公孙弘的高明之处,在于对指责自己的人大加赞扬,认为他是"忠心耿耿"。这样一来,便给皇帝及同僚们这样的印象:公孙弘确实是"宰相肚里能撑船"。既然众人有了这样的心态,那么公孙弘就用不着去辩解及沽名钓誉了,因为他没有什么政治野心,对皇帝构不成威胁,对同僚构不成伤害,只是个人对清名的一种癖好,无伤大雅。

在我们的生活和工作中,由于各种原因,人有时难免会自觉或不自觉地陷入一种尴尬的境地,对此,如果我们心慌意乱,手足无措,忙于解释和迎战,处理不好,往往会给自己及他人带来更大的不安和麻烦;相反,如果你能静下心来,沉住气,不去忙于解释,冷静应对,反而可能很容易化解各种危难于无形。

《论语》中孔子说:我整天给颜回讲学,他从来不提反对意见和疑问,像个愚蠢的人一样。等他退下之后,我考察他私下的言论,发现他对我所讲授的内容有所发挥,可见颜回其实并不愚蠢。

颜回表面上很愚,其实他更用心,所以课后他总能把先生的教导清楚而有条理地讲出来。可见若愚并非真愚。大智若愚的人给人的印象是:虚怀若谷,宽厚敦和,不露锋芒,甚至有点木讷。但其实在"若愚"的背后,隐含的是真正的大智慧大聪明。

古往今来，聪明反被聪明误者可谓多矣！倒是有些看似"笨"的人、守愚的人，却是很聪明的人。洪武年间，朱元璋手下的郭德成就是这样一位聪明得让人不以为聪明的人。

当时的郭德成，任骁骑指挥，一天，他应召到宫中，临出来时，明太祖朱元璋拿出两锭黄金塞到他的袖中，并对他说："回去以后不要告诉别人。"面对皇上的恩宠，郭德成恭敬地连连谢恩，并将黄金装在靴筒里。

但是，当郭德成走到宫门时，却又是另一副神态，只见他东倒西歪，俨然是一副醉态，快出门时，他又一屁股坐在门槛上，脱下了靴子，——靴子里的黄金自然也就露了出来。

守门人一见郭德成的靴子里藏有黄金，立即向朱元璋报告。朱元璋见守门人如此大惊小怪，不以为然地摆摆手："那是我赏赐给他的。"

后来有人因此责备郭德成道："皇上对你偏爱，赏你黄金，并让你不要跟别人讲，可你倒好，反而故意露出来闹得满城风雨。"

对此，郭德成自有高见："要想人不知，除非己莫为，你们想想，宫廷之内如此严密，藏着金子出去，岂有别人不知之道理？别人既知，岂不说是我从宫中偷的？到那时，我怕浑身长满了嘴也说不清了。再说我妹妹在宫中服侍皇上，我出入无阻，怎么知道皇上是否以此来试一试我呢？"

现在看来，郭德成临出宫门时故意露出黄金，确实是聪明之举。恰如郭德成所言，如果被他人发现，他会有口难辩。郭德成的这种做法，与一般意义上的大智若愚有所不同，他不只是"装愚"，而且预料到可能出现的麻烦，防患于未然。

南怀瑾非常赞赏苏轼在《贺欧阳少师致仕启》中"大勇若怯，大智如愚"的观点。他认为对于一些不情愿去做的事，可以以智回避之；有大勇，也可表现出怯懦的样子；很聪敏，也可表现出很愚拙的样子，如此可以保全自己，同时不做随波逐流之事。他认为，世间真正的大智大勇者都不大肆张扬，所以，看一个人不要光看其表面，而要看其内心，考察他的实力。

中国有句古话，百川合流，而成其大，土石并砌，以实其坚。大直若屈，大巧若拙，大辩若讷，凡此里面隐藏着大智慧啊。

敬以持躬，让以待

《格言别录》中有句话，"朴退斋临终，子孙环跪请训。曰：
'无他言，尔等只要学吃亏'"。

世间有几人愿意吃亏的？但南怀瑾却在讲经、讲学中明确
地告诉人们，让人为上，吃亏是福。是的，人不能总是一味地
想要获取，自然界的东西那么多，一个人能得到多少？纵使你
全得到了，那又有什么用，你会因此而幸福吗？假如全世界人
都很贫穷，而只有你一个人是富翁，那你会觉得快乐吗？会觉
得幸福吗？人只有把自己有的东西分享给别人，敢于吃亏，人
与人之间才能和睦地相处，社会才能其乐融融。

生活中，当自己的利益和别人的利益发生冲突时，友谊和
利益不可兼得时，首先要考虑舍利取义，宁愿自己吃亏。郑板
桥曾说过："吃亏是福。"这绝不是阿Q式的精神自慰，而是
他一生阅历的高度概括和总结。

清朝时有两家邻居因一道墙的归属问题发生争执，欲打官

司。其中一家想求助于在京为大官的亲属张廷玉帮忙。张廷玉没有出面干涉这件事，只是给家里写了一封信，力劝家人放弃争执，信中有这样几句话："千里求书为道墙，让他三尺又何妨？万里长城今犹在，谁见当年秦始皇。"家人听从了他的话，邻居知道后也觉得很不好意思，拆了自家院墙，后退三尺，弄出六尺宽巷子，两家终于握手言欢，由你死我活的争执变成了真心实意的谦让。

李叔同先生曾经在《改过实验谈》中提道："我不识何等为君子，但看每件肯吃亏的便是；我不识何等为小人，但看每事好便宜的便是。"在李叔同看来，君子和小人的区别就在于肯不肯吃亏。而这种吃亏的精神也是关系到人生成败的关键。

春秋时候，郑国有个很有名的政治家和思想家，名叫子产，他曾经担任郑国的卿相，帮助国家实行改革，使郑国迅速富强起来，成为春秋时期的一个非常强大的国家。子产能取得这么大的成就，在很大程度上是由于他有着愿意吃亏的胸怀。

子产在很小的时候就与一般人不同，他与小朋友们一起玩耍，经常让着别人，有时候做游戏，明明是自己赢了，可他却故意认输，并且还不表现出来，让别人没有什么心理负担，结果，别人都喜欢他，愿意和他一起玩。

长大之后，子产做了官，位居郑国卿相，这可以说是地位仅次于君王的官衔了，可是子产却从不以权谋私，他仍然喜欢

把好处让给别人，连君王对他的赏赐也经常分给别人，他的一
位朋友对他的这个做法十分不理解，有一天就问子产："你现
在位高权重，没有什么地方需要别人帮忙的了，相反只有别人
会求你帮忙，那么你为什么还要讨好自己的下属呢？应该反过
来才对啊！"子产沉吟了一会儿，跟他说："我今天的高位是
众人拥护才得来的，没有他们的支持，我就不可能有今天的地
位，所以得到的好处应该分给大家，这样大家都高兴了，自己
也就安稳了。"朋友表示叹服。

当时，朝廷有许多政策不太好，人民的生活也一天不如一
天，这样就导致了老百姓的怨恨。子产察觉到这个问题，就上
书君王，说："国家应该为老百姓谋福利，如果只为一己之私
不顾百姓的死活而不停地盘剥人民、压榨人民，那么老百姓就
会视国家为仇人，会奋起反抗，这样国家就不得安宁了，又如
何能期望国家兴旺富强呢？所以要经常替老百姓着想，给他们
一些好处，就像放水养鱼一样，表面上看似没有什么作用，其
实啊，更大的好处在后边呢，并不会真正地吃亏的。"

君王看了之后感觉有点道理，于是就同意了子产的建议，并
让子产负责这件事。子产回去筹划一番，制定了许多的惠民措施，
又让百姓畅所欲言而不加禁止，这样郑国就日渐安定了，国力也
渐渐地增强了许多。老百姓广泛传说着子产的仁政爱民。

子产这是何等的眼光，又有着何等的洞察力，子产为了长

远的利益，舍弃一时的好处，甘愿吃亏，使他取得了这样大的成功。所以，吃亏是福，想要做成大事的人必须要学会吃亏，吃亏，会迎来更多的朋友和合作者。

曾国藩说："敬以持躬，让以待。敬就要小心翼翼，事情不分大小，都不敢忽视。让，就是什么事都留有余地，有功不独居，有错不推诿。念念不忘这两句话，就能长期履行大任，福祚无量。"

敬以持躬，让以待，内在核心是与人为善，不与别人争利益，谦让实际受益最大的还是自己。有时，人们在利益或是脸面上吃了点亏，但是，换来的往往是大家对你的信任和尊重。因而，你会发现自己格外地轻松和开心，而这是很难用金钱买来的。

有一老翁，请来了一位贵客，并把他留在家中吃午饭。一大早，老翁就吩咐自己的儿子前去集市上准备蔬菜果品。

但是，时间已过巳时了，他的儿子却仍未回来。

老翁心里很着急，就亲自到窗口去眺望。他看到在离自家不远的地方，他的儿子挑着菜担，在一条水塍上与一个挑京货担子的人面对面站着，彼此都不肯相让，就在那儿都站着不动。

老翁离家赶上前去，好言相劝道："老哥，我家中有客人，正等着这些东西做餐，请你往水田里让一让，让他过来，你老哥也就可以过去。这岂不是对两个人都方便吗？"

那个人说："你让我下水田，他怎么不下呢？"

老翁说："他个子矮，下到水田里怕担子里的东西被水浸坏了；你老哥个子比他高，下到水田里不至于碰到水。正因为这个原因，所以请你让一下。"

那个人说："你的担子里不过是些蔬菜果品，即使浸湿了，将就着还可以吃；我的担子里挑着的可都是京广贵货，万一沾了水，就一钱不值了。我的担子比你的贵重，怎么能让我让道呢？"

老翁看到无法说服他，便挺身过去说："来，来！那么这么办吧，让我老头儿下到水田里，你把货担子交给我，我把它顶在头上，让你空着身子从我儿子身旁过去，我再把货担子交给你，怎么样？"

说完，他立即脱下鞋袜。那个人见老翁这么做，心里过意不去，说："既然老丈这么说，我就下到水田里，让你把担子挑过去。"说完立即下到水田里让路。老翁就只这么让了一让，就化解了一场争执。

俗话说："退一步海阔天空。"中国古人认为，谦让、礼让，是有德的主体，是有礼的主体，一人让，从而带动人人让，国家便可安宁久长。

春秋时期，晋国和齐国在鞍这个地方大战，战斗进行得异常激烈，最终晋军大败齐军。晋军凯旋时，上军副帅士燮最后进入国都，他的父亲说："你不知道我盼望你吗？为什么不能早点回来？"士燮说："一般军队胜利归来，国内的人们必然热情欢迎。如果先回来，一定会特别引人注意，这岂不是要代替主帅领受殊荣吗？因此，我不敢先回来。"父亲对他的做法很赞赏。

论功行赏时，晋景公对统帅郤克说："这次我军大胜是你的功劳啊！"郤克回答："这完全是君王的训教和几位将帅的功劳，我有什么功劳呢？"晋景公称赞士燮的功劳与郤克同样大。士燮说是听从荀庚命令、接受郤克统率的结果。景公称赞栾书，栾书说："这次胜利有赖于士燮的指挥和士兵的奋力作战。"

晋军将领互相谦让，推功及人的美德反映了他们团结协作，共同战斗的精神，这正是大败齐军的关键所在。几年以后，晋军主帅战死。晋侯检阅军队，派遣士丐率领中军，士丐辞谢了，他说："荀偃比我强，请派荀偃吧。"于是让荀偃率领中军，士丐辅佐。晋侯又派韩起率领上军，韩起要让给赵武，晋侯就派遣栾黡，栾黡推辞说："我不如韩起，韩起愿意让赵武在上，君王还是听从他吧。"于是赵武率领上军，韩起辅佐。

晋国的将帅在名利面前互相礼让，晋国百姓因此更加团结，从此，国力更加强盛。

谦让以功，谦让以利，谦让以位，这是一个人品质层次高的表现，这种品德使国家安，人民安，也会为自己赢得世人的尊重。

　　《菜根谭》中说："事事留有余地，造物不能忘我，鬼神不能损我。若业必求满，功必求盈者，不生内变，必召外忧。"就是说不顾虑别人的立场，只一味地追求自身的利益，一定会产生摩擦，引起他人的反感，即使成功也难以持久。所以我们在追求利益时，应有所节制，与他人多沟通，做事千万不可达到极限，预留几步作为缓冲，这样才能有利于自己和他人。

自重自立，凡事从自身找原因

南怀瑾认为，为人处世不能只考虑自己，做任何一件事的时候，都应尽量考虑到别人的感受和可能的反应。即使做好事，也要注意不张扬，不炫耀，不抢风头，言行谨慎，踏实稳妥地去做。

《论语》中，孔子说君子自重自立，凡事要从自身找原因，不怨天尤人。小人则相反，不注意检讨自己的过失，却对别人求全责备。孔子认为："君子有九种思虑：看的时候要想想看清楚了没有；听的时候要想想听明白了没有；待人的脸色要想想是否温和；对人的态度要想想是否恭敬；说话时要想想是否真诚；做事时要想想是否认真；有了疑问要想想怎样虚心向他人请教；遇事发怒时要想想后果；有利可得时要想想得来的是否正当。"

"貌思恭"、"事思敬"，说明恭敬在面貌上，尊敬在心里——凡与人交往，先要存肃敬之心，不敢怠慢。如果肆无忌惮地把自己的意志强加于他人，实质上就是损害、侵犯了他人的人格、尊严，结果，势必造成人际冲突。

春秋时候的季孙氏，当了鲁国的宰相，孔子的弟子子路担任季孙氏的封地郈邑的长官。按照惯例，鲁国在5月份要征集百姓开凿长沟，进行水利建设。子路看到民工挖沟辛苦，且出门在外，吃饭不便，就拿自家的粮食熬成稀粥，摆在道边，邀请他们来吃。事情很快传到孔子耳里，孔子就派另一个弟子子贡来找子路，把稀粥都倒掉，把盛饭的器具全部砸毁，并告诉子路："老百姓都是鲁君的百姓，你为什么要拿饭给他们吃？"

子路听后，勃然大怒。他捋起袖子，一路疾跑，直闯进孔子的书房，强压怒火，问道："请教先生，我施行仁义，难道错了吗？"

不等孔子回答，子路连珠炮似的把一肚子的不满都倒了出来："我跟随先生多年，从先生这里学到的无非'仁义'二字而已。所谓仁义，就是有了财富，和天下人共同使用；有了好处，和天下人共同分享。现在，我拿自己家里的粮食分给挖沟的民工吃，而先生却派人阻止，究竟是怎么回事？"

孔子叹了口气，说："子路啊子路，你怎么这么粗野呢？"

子路一听，脸红了，慢慢地把袖子放下来，火气也渐渐平息下来，但还是满脸的不服气。

"这个道理，我本来以为你已经懂得的，可你居然还远未懂得。是不是你本来就像这样不懂礼呢？"孔子接着说，"你拿饭给民工吃，这是爱他们。但按礼的规定，天子爱普天下的人，诸侯爱本国的人，大夫爱他的职务所管辖的人，士爱他的家人。如果所爱超出了礼所规定的范围，那就是'越礼'。现在，民工都是鲁君的百姓，而你擅自去爱他们，这就是你'越礼'了，你不是太糊涂了吗？"

孔子的话还没说完，季孙氏派来使者指责孔子来了："我征集民工，让他们干活；但先生你却让弟子叫他们停止干活，拿饭给他们吃。先生难道打算争夺我的百姓吗？"

孔子对子路说："你看，我说的有道理吗？"

每个人都有自己的立场和观点，肆无忌惮地把自己的意志强加于人，势必会引起矛盾与冲突造成人际问题，同时也损害、侵犯了他人的人格、尊严，结果要么生间隙，导致朋友的疏远或厌倦，要么友谊淡化和恶化。所以，与人交往应该恪守交友之道，从对方的立场考虑问题，进而才能妥善处事。即使觉得别人做得不对，也应该从自己身上多找原因。

一个乐于助人的青年遇到了困难，想起自己平时帮助过许多朋友，于是他去找朋友求助。

然而对于他的困难，朋友们全都视而不见、听而不闻。

真是一帮忘恩负义的家伙！他怒气冲冲，他的愤怒如此激烈，以至于无法自己排遣，百般无奈，他去找一位智者。

　　智者说："助人是好事，然而你却把好事做成了坏事。"

　　"为什么这样说呢？"他大惑不解。

　　智者说："首先，你开始就缺乏识人之明，那些没有感恩之心的人是不值得帮助的，你却不分青红皂白地帮助，这是你的眼拙。其次，你手拙，假如你在帮助他们的时候同时也培养了他们的感恩之心，不致让他们觉得你对他们的帮助天经地义，事情也许不会发展到这步田地，可是你没有这样做。最后，你心拙，在帮助他人的时候，应该怀着一颗平常心，不要时时觉得自己在行善，觉得自己在物质和道德上都优越于他人，你应该只想着自己是在做一件力所能及的小事。比起更富者，你是穷人；比起更善者，你是凡人。不要觉得你帮了别人，应该这样想：是神明借着你的手帮了别人，一切归于神明，不要归于你自己。"

　　乐于助人的青年愿意帮助别人，并在需要的时候希望自己得到别人的帮助，这种想法无可非议；但是他人不帮，也在情理之中。人生中的任何事都要靠自己，因而要锻炼自己性格豁达，荣辱不惊。在遭到别人的冷遇时要从自己身上找原因，这才称得上是一个真正的明理人。

　　下面的这个故事，讽刺了那些不善于从自身找原因的人。

　　一天，张三和李四两个人闲来无事，待在屋子里聊天。张三对李四说："有个和我一起共事的人，名字叫王五。王五的脾气可暴躁了，动不动就会发火，一发起火来可不得了了，又拍桌子又摔东西，搞不好还会打人呢！我们平时都很害怕他，不敢和他争执。"李四说："真的吗，果真有这样火暴性子的人？"

两人正说着，王五正巧从屋外经过，窗子开着，张三的话都清清楚楚地传到他耳朵里。

王五顿时大发雷霆，面红耳赤，脖子上的青筋一根根地凸出来。他大步跑到屋门口，气势汹汹地用脚使劲一踹，把门踢开，冲进屋里，见了张三，一把抓住他的领口，不由分说地照准面门就是重重一拳。张三被打得踉跄着退了好几步，一屁股坐在地上，血从他的鼻子里慢慢流了下来。

王五还觉得不解恨，也不管张三一迭声地叫饶，过去骑在他身上，抬起拳头打个不停。

李四见状，赶忙过去劝解。费尽九牛二虎之力，他终于把王五拉开，问他说："你为什么要打张三呢？"

王五气呼呼地回答说："我哪有性子暴躁的毛病，又什么时候乱发过脾气呢？他这样诬蔑我，我当然要好好教训教训他！"

李四说道："你现在这样做不正是性子暴躁、喜欢发火的表现吗？张三并没有说错啊，你又为什么要对自己的缺点讳莫如深呢？"

王五低下了头。

李四说得对，与人交往不能只责怪别人，有了缺点更不应该忌讳别人说，有则改之，无则加勉，这样才能不断完善自己，与别人关系融洽。

孟子说："仁者如射，射者正己而后发，发而不中，不怨胜己者，反求诸己而已矣。"意思是：行仁义的人犹如比赛射箭：射箭的人先要端正自己的姿势而后放箭；射不中的话，不怨恨胜过自己的人，反过来应从自己身上找原因才是。所以，生活中遇到问题的时候，特别是在与别人发生矛盾和冲突的时候，一定要多反省自己，多从自己身上找原因。

第七章

尊老爱幼，团结互助

把孝敬父母当作头等大事

南怀瑾认为，百善孝为先。在中国，孝敬父母历来都受他人所推崇，在当今也尤为重要。

《论语》中这样记载：子曰："父母之年，不可不知也。一则以喜，一则以惧。"还记录了子游问孝。子曰："今之孝者，是谓能养，至于犬马，皆能有养；不敬，何以别乎？"第一条记载是说父母的年纪，做子女的不可不知道。一方面要为他们长寿而高兴，一方面要为他们年纪大了而担忧。第二条记载子游问什么是孝，孔子说："现在所谓的孝子，就是能养活父母而已。然而狗马都能得到饲养，如果不敬，那和养狗马有什么区别呢？"

可见，自古以来，孝敬父母是中华民族的传统美德。《二十四孝》中王祥卧冰求鲤的故事和吴猛恣蚊饱血的故事，我们耳熟能详。

相传晋朝初年，有个孝子官至太保，爵封睢陵公，世人对他尊崇之极，其人便是以"卧冰求鲤"著称的王祥。据说他出世后不久，生母不幸病故，父亲娶了继母朱氏。朱氏是个很坏的女人，她三番五次地在丈夫面前说王祥的坏话，受她的影响，父亲渐渐对王祥也产生了成见。王祥失去了父爱，在家中的地位也一落千丈了。

然而，王祥生性至孝，对父母的偏心和不公从无一句怨言。他想："不管怎样，一家人都应该亲亲密密和和睦睦才对。"因此，无论父母怎么对他，他待父母仍一如既往地恭敬孝顺，精心侍候。

一年冬天，朱氏突然想吃鲜鱼。当时正值隆冬，天寒地冻的，所有河流湖泊都结了厚厚的冰，到哪儿去弄鲜鱼呀？王祥为了满足继母，不顾寒冷，毅然来到河边，脱去外衣，躺倒在冰上，用自己的血肉之躯去融化那坚硬厚实的冰块。他身下的冰渐渐融化了，他已冻得麻木不堪。这时，出现了奇迹：只听"扑扑"两声响，冰面自动裂开了一条缝，往外蹦出两条活蹦乱跳的鲤鱼。王祥捉住鲤鱼，别提心里多高兴了。他赶紧回家，给后母做了一顿鲜美可口的鲤鱼汤。看着后母吃得津津有味，他心里感到莫大的宽慰和幸福。

王祥不计前嫌，想方设法令后母高兴，尽显了孝道的故事就这样传开了，世人都很感动。而另一个孩童年龄虽小，但他也表现出了人性中至纯至真的孝心，也得到了大家的称赞，他就是孝子吴猛。

相传吴猛是晋朝豫章 (今江西南昌) 人，从小就非常孝顺父母。吴猛家里很贫穷，床榻上没有蚊帐。南方蚊子多，每到夏天，又大又黑的蚊子咬得一家人睡不好觉。

8 岁的吴猛心疼劳累了一天的父母，为了让他们睡个踏实觉，他想了一个办法。每到晚上，吴猛就赤身睡在父母身旁。小孩子家细皮嫩肉的，蚊子都集聚在他身上，且越聚越多。吴猛却任蚊子叮咬吸血，一点也不驱赶。

吴猛认为蚊子吸饱了自己身上的血，便不会去叮咬父母，8 岁孩童的这种想法看似可笑，却让人笑不出来。虽然其法不可取，但只有对父母爱到极点，才会有如此"痴傻"的行为，这是一颗多么纯净的童心啊！这种骨肉之情的孝，是人类最纯洁的情感。

人的一生中，对自己恩情最深的莫过于父母，父母给予了我们生命，父母辛勤地养育着我们，我们的成长凝结着父母的心血，每一个人都是在父母的悉心关怀、百般爱护和辛苦抚养下慢慢长大的。一个人如果对给予自己生命和辛勤哺育自己、恩重如山的父母都不知报答，不知孝敬，那就丧失了人本来就该有的良心，那样的人是没有道德可言的。

在今天，我们更应该弘扬传统美德，倡导孝敬长辈的风尚。中国有一句古话："树欲静而风不止，子欲养而亲不待。"意思是说：树枝想要安静，可风总是不停地刮，它没法儿安静；

儿女想要侍养父母，可父母快死了，等不得了，所以我们应该趁父母在世的时候好好赡养他们。如果父母健在时不孝，等父母去世了，才追悔莫及，那还有什么用呢？所以，面对父母，你应常大声地说"您的快乐就是我最大的幸福。"同时还要常扪心自问，成长至今，你为父母做过多少件令他们高兴的事情呢？

　　孝敬的含义并非是让父母自豪或者出人头地，也并非给父母吃的、喝的，穿的，或者每月寄零花钱，这些都不是真正的孝心。那么什么是真正的孝心呢？我们来看看这个在中国古代民间流传的故事或许会有所启发：

　　三个妇女在打井水。一位老人坐在石头上休息。

　　一个妇女对另一个妇女说道：

　　"我的儿子很机灵，力气又大，谁也比不上他。"

　　"我的儿子会唱歌，唱得像夜莺一样悦耳，谁也没有他这样好的歌喉。"另一个妇女说。

　　第三个妇女默不作声。

　　"你为什么不谈谈自己的儿子呢？"两个邻居问她。

　　"有什么好说的呢？"她说，"我儿子什么特长也没有！"

　　说着，她们装满水桶，提着走了。老人也跟着她们走去。她们走走停停，她们手臂疼痛，水溅了出来，背也酸了。

　　忽然迎面跑来了三个男孩，一个孩子翻着跟头，他母亲露出欣赏的神色。另一个孩子像夜莺一般欢唱着，他母亲凝神倾听。第三个跑到母亲跟前，从她手里接过两只沉重的水桶，提着走了。

那两个妇女问老人道："喂，怎么样？我们的儿子怎么样？"

"呵，他们在哪儿？"老人答道，"我只看到了一个儿子！"

南怀瑾认为，为孝首先就要对长辈"敬"，包括要和颜悦色面对他们，说话要温和，脸上要有喜悦的颜色，能感受到父母的心情，发自内心地关心他们，为他们尽心尽力。一般地讲，父母对子女的要求并不高，并不是非要好吃好喝，如果你的经济条件不好，你把米饭、面条、白菜豆腐放在小桌上，叫一声："爸爸、妈妈，您趁热吃吧！"那父母吃起来，也是非常香甜的。相反，如果你把大鱼大肉、山珍海味往桌子上一撂，一言不发，苦瓜着脸，反正给你端来了，爱吃不吃由你；或者板起面孔说："吃吧！"即便是再好吃的东西，他们也吃得不是滋味。

舜是我国古代传说中的三皇五帝之一，他本姓虞，是继唐尧之后有名的贤君。当他还是一个普通人的时候，经常受到家里亲人的虐待，但他始终不改初衷，一如往常地孝顺父母，友爱弟弟。

舜的父亲叫瞽叟，母亲在舜很小的时候就去世了，他跟着父亲和继母一起生活，继母后来又生了一个弟弟，名叫象。象是父母的心肝宝贝，家里有啥好东西都会给他；而舜呢，从小就不受父母亲的喜爱，还经常被使唤地干这干那，连象也不喜欢他。

因为家里困难，收成又不好，一家人生活实在很艰辛，于是家里人商量着想除掉舜，好节省一个人的粮食。有一次，父母亲让舜去修补谷仓的仓顶，等到舜爬到顶上准备修补的时候，他们就在下面放火，想把舜烧死，结果舜纵身跳下逃脱了；可是父母亲仍不死心，又让舜去掘井，等到舜下到井深处，父亲和象就在上面往井里填土，想把舜活埋在井里，结果舜挖地道逃脱了。

父母的多次加害都没有成功，舜在危难的时候总是能够化险为夷，可是舜却并未因此而憎恨自己的父母，反而一如既往地孝顺他们，有好东西总是自己舍不得用，拿回家给父母，田地里的活也是自己干；对弟弟仍然很友爱。后来尧帝听到了这件事，觉得舜对父母尽孝，是个贤明的人，于是把自己的两个女儿娥皇和女英嫁给了他，后来还把天下也交给了他。舜登位后，仍然经常去看望他的父亲和后妈、弟弟，待他们一如既往。

事实上，像舜这样的父母世上是很少的，哪会有父母加害自己的子女的。但是舜面对这样的父母，依然秉持一颗孝心，这对今天的我们有多么大的启发意义啊。现实生活中，父母对子女的疼爱可以说是无微不至，甚至到了溺爱的地步，但是，现在的养老院里有那么多孤单无依的老人，现在的家庭里有那么多日夜盼望儿女归来的父母们，他们想的又是什么呢？只不过是希望来自儿女的一份关心、一份挂念而已。俗话说得好，"良言一句三冬暖，恶语伤人六月寒"，老年人尤其需要子女的和颜悦色和体贴入微的关怀。

"鸦有反哺之义，羊有跪乳之恩。"父母的恩情是做儿女的用一生也报答不完的，如果说有人不孝顺父母，那他就真的不能称其为人了，就像是有一个故事说的，"有人告诉阮籍说某人杀害了自己的父亲，阮籍叹了口气；当听说某人杀害了母亲，阮籍则拍案而起，大骂某人不孝。别人就奇怪了，为什么杀父亲没事，杀母亲就这样气愤呢？阮籍告诉他说：'禽兽只知有母而不知有父，杀父是禽兽，杀母则禽兽不如也。'"多么精彩的回答。

亲爱的朋友们，当你们还在为生活而奔波劳累的时候，当你们为公务繁忙、乐此不疲的时候，当你们还在为一点利益争斗不休的时候，想一想家中老父老母吧，回想一下那首有名的千古绝唱："慈母手中线，游子身上衣。临行密密缝，意恐迟迟归。谁言寸草心，报得三春晖。"多回家看看生我们养我们的父亲母亲，不要等到"子欲养而亲不待"的时候悔恨莫及。多关心父母，他们其实真正需要的并不多，也许只是一句问候，一点安慰，一丝挂念而已。但这些相对于他们给予我们的恩情又是多么地微不足道。

和为贵，多关注别人的需要

南怀瑾认为，中国古人提出以和为贵有着深刻的含义。为什么要以和为贵呢？"和为贵"之"和"，按其本义是相对于"礼"而言的。在孔子看来，君臣父子，各有严格的等级身份，若能各安其位，各得其宜，使尊卑上下恰到好处，如乐之"八音克谐，无相夺伦"，做到"君君、臣臣、父父、子子"，这就是"和"。当然，"有礼"之"和"，与一般所理解的和气、和睦、和善、友好是有区别的，此"和"是指"无相夺伦"，即互不侵犯，相安无事，谐而不乱，后世则"和谐"常连用。

《论语》中说：礼的施行，以和谐为贵。以前圣王的治理之道，好就好在这里，不管小事大事都遵循这一原则。倘有行不通的地方，只求和谐，不用礼仪来加以节制。

宇宙万物存在于和的状态中，没有和就没有世界，没有一切事物的存在。古人用了一些非常浅显的例子说明这个道理，如做汤，要用鱼、肉，还要有酱油、醋、盐、姜、葱、蒜等，按一定分量配合，用一定量的水和一定的火候，加以烹调，就能做出美味的汤；又如奏乐，只有多种乐器相配合，声音的高低、强弱，演奏的快慢等多方面才配合协调，才能有美妙的音乐。这样的多种成分、多种因素相配合，达到协调、和谐，才有事物的存在。相反，如果只是单一的成分、因素，如只有水，不断向锅里加水，没有别的，那就永远只是水；如果只是一种乐器，一个音调，那就只能是单一曲子，不成其为音乐。所以古人说："和实生物，同则不继。"即不同成分和因素的和谐配合才能生长；一切趋同，没有差别，就趋于死灭，难以为继。

从对宇宙万物的基本认识出发，可以知道，和不是单纯的理念，它是一种关系，是多种成分或因素协调共存的一种状态。任何事物都由多种成分或因素组成，在统一的事物内的各个部分、各种成分和因素，各占着一定的地位，发挥着一定的作用。只有各个部分、各种成分、各种因素所处的地位恰当，事物整体才能达到和谐。如前所说的烹饪，各种材料的选择搭配一定要恰当，每一种材料的分量也要适度，不能多，也不能少，这样才能做出美味佳肴。奏乐也是一样。古人把这种情形叫作"各得其所"，即只有做到使万物都各得其所，才能达到和的目标。

所以，以和为贵不只是主观的愿望或态度，而是要实际地处理事物内部相关的各个部分、各种成分、各种因素之间的关系；要研究事物各个部分、各种成分和因素的特性及其相互关系，根据认识来进行调节，以求做到使各个部分、各种成分和因素都能各得其所。由于古人认识有限，尤其是对宇宙万物的认识有限，所以古人更认识到和谐的宝贵，像中国传统思想就主张应顺应自然，就是为了使人与自然和自然万物都能各得其所，在一切事物上做到以和谐为最高的目标。而和也表现在中国传统文化的方方面面，如政通人和、家和万事兴、和气生财等，处处体现着人们对和谐的向往和追求。

北宋著名的思想家王安石，在朋党纷争的政局中，一意推行新法，忽略人和政通，所以遭受了旧派势力的全力攻击，导致了推行新法的失败。

当时北宋旧派重臣名流，能否真诚接纳王安石变法，支持合作，本是一大问题，偏偏王安石个性也很偏执，自认"天变不足畏惧，祖宗不足取法，议论不足体恤"，不肯在变法的政策上有一丝的退让，也不设法与这些旧派重臣名流沟通，更不关注他们的想法和需要，一味地一意孤行。他甚至不能容忍接纳相反的意见，结果遭到这些人的全体围攻。

王安石变法本身是一件好事，但他丧失了"人和"的原则，因而使新法推行遇到了强大的阻力。加之旧势力的弹劾攻击，使新法的推行最终成为党派争执的口实，两者到了水火不相容的境地，所以一旦旧派抬头，新法也就全面被废弃了。

王安石新法失败，除了对事过于严明无私，与他忽略"以和为贵"的原则也很有关，他考虑现状太少，轻视了旧势力的力量，加上人事上的诸多处理不当，埋下很多严重的隐患。

生活就像山谷回声，你付出什么，就得到什么；你耕种什么，就收获什么。很多时候适当退让一下，多关注别人的需求，并不就意味着自己吃亏。"和"是中国传统文化中极为重要的思想范畴，它对社会的稳定与协调起着非常重要的作用，并直接影响着人的思想方法与处世观念。

在中国古代的许多经典论述中，"和"就代表着和谐，像前面孔子主张"礼之用，和为贵"，孟子更是继承儒家思想，提出"天时不如地利，地利不如人和"，希望和睦、和平、和谐。而中国古代君子更加推崇"和为贵"，把它当作为人处世的基本原则，极力追求人与人之间的和睦、和平与和谐。

古时候有个叫陈嚣的人，与一个叫纪伯的人是街坊邻居。

有一天夜里，纪伯偷偷把陈嚣家的篱笆拔起来，往后挪了挪。这事被陈嚣发现了。那么陈嚣做出了怎样的反应呢？

等纪伯走后，陈嚣竟然把篱笆往自己家这边又挪了一丈，使得纪伯的院子更大，自己的更小了。

天亮后，纪伯发现自家的地竟宽出了那么多，知道是陈嚣在谦让他，觉得很惭愧，之后主动到陈家，把多侵占的地统统还给了陈家。

试想，如果陈嚣发现后，要么不让，要么也同纪伯一样，偷偷多占地，两家的结局会是什么呢？人与人在交往中，一定要有一颗宽厚之心，即使他人犯了错，也不妨谦让一点，让对手自己去发现和改正自己的错误。如果他人犯了错，你不加以适当的谅解，那就势必让关系很快僵化，变成"势不两立"。

曹操的曾祖父曹节，以仁厚为人所著称。一次，邻居家的猪不见了，而此猪与曹节家里的一头猪长得非常像。邻居就找到曹家，说那是他家的猪。曹节也不与他争辩，就把自己家的那头猪给了邻居。后来邻居家那头丢失的猪找到了，邻居把曹节家的猪送了回来，并连连道歉。曹节也只笑笑，并不责怪邻居。

明智的人在与人交往中，大多追求和谐，包容差异。不明智的人，总是以自己的意志强加于他人身上，强求一致，容不得有一丝差异，往往造成矛盾冲突。

"和"是一种思维，一种情怀，一种胸怀，一种气度，一种风度，更是一种境界。把"和为贵"的理念根植于你的脑海里，用"和为贵"的思想指导你的行动，人生就没有做不好的事，也没有处理不好的关系。

美言可以市尊，美行可以加人

常言道："忠言逆耳利于行。"但太多的逆耳之言往往让人心里是不舒服的。所以，人们常说"好话一句香千里，恶语一句六月寒"。有人说，病从口入，这是指吃东西不注意容易出现疾病，而祸从口出，则是智者对一般人的忠告，即说话要谨慎。很多人与人之间产生的误会、芥蒂多是由不适当的话语引起的。在《老子》著作中有这样一段话："美言可以市尊，美行可以加人。"就是说美好的言辞可以换来别人对你的尊重；良好的行为可以让人受到他人的喜爱。所以，从某种角度上来看，老子的这段话是让我们多关注自己日常的言行细节，以得体的处世方式赢得别人对你的认同。

南怀瑾在讲经时常说，人说话要谨言慎语，不要总是以为直爽是真诚的表现，因为人人都有隐私，谁也不想叫别人揭破。在交往中，要适当照顾他人的面子，给别人面子等于给自己留条后路。所以，说话要把握住分寸，首要的原则就是不可触犯"为尊者讳"。

　　明太祖朱元璋出身寒微，做了皇帝后自然少不了有昔日的穷哥们儿到京城找他。这些人满以为朱元璋会念在老朋友的情分上给他们封个一官半职，谁知朱元璋最忌讳别人揭他的老底，以为那样会有损自己的威信，因此，对来访者大都拒而不见。

　　有位朱元璋的少时好友，千里迢迢从老家凤阳赶到南京，几经周折才算进了皇宫。一见面，这位仁兄便当着文武百官大叫大嚷起来："朱老四，你当了皇帝可真威风呀！还认得我吗？当年咱们俩一块光着屁股玩耍，你干了坏事总是让我替你挨打。记得有一次咱俩一块偷豆子吃，背着大人用破瓦罐煮。豆还没煮熟你就先抢起来，结果把瓦罐打烂了，豆子撒了一地。你吃得太急，豆子卡在喉咙里还是我帮你弄出来的。你忘了吗？"

　　朱元璋听到这里，再也坐不住了，心想此人太不知趣，居然当着文武百官的面揭我的短处，让我这个当皇帝的脸往哪儿搁。盛怒之下，朱元璋下令把这人杀了。

　　所以为了避免触及别人不愉快的"隐私"，在交往中，少说多听，美言善语是一条永恒的守则。而不分场合地直来直去地发表自己的见解并不是正直，而是莽撞冒昧。事实证明，学会婉转巧妙地表达自己的意见和建议，往往能让他人顺利接受。

　　有这样一个寓言故事：

　　山顶住着一位智者，他胡子雪白，谁也说不清他有多大年纪。附近居住的男女老少都非常尊敬他，不管谁遇到大事小情，他们都来找他，请他给些忠告。

但智者总是笑眯眯地说："我能给些什么忠告呢？"

一天，又有个年轻人来求他给忠告。

智者仍然婉言谢绝，但年轻人苦缠不放。

智者无奈，他拿来两块窄窄的木条、一撮螺钉和一撮直钉。另外，他还拿来一个榔头、一把钳子和一个改锥。

他先用锤子往木条上钉直钉，但是木条很硬，他费了很大劲，也钉不进去，倒是把钉子砸弯了，不得不再换一根。一会儿工夫，好几根钉子都被他砸弯了。最后，他用钳子夹住钉子，用榔头使劲砸，钉子总算弯弯扭扭地进到木条里面去了。但他也前功尽弃了，因为那根木条也裂成了两半。

智者又拿起螺钉、改锥和锤子，他把钉子往木板上轻轻一砸，然后拿起改锥拧了起来，没费多大力气，螺钉钻进木条里了，天衣无缝。而他剩余的螺钉，还是原来的那一撮。

智者指着两块木板笑说："忠言不必逆耳，良药不必苦口，人们津津乐道的逆耳忠言、苦口良药，其实都是笨人的笨办法。你看硬碰硬有什么好处呢？说的人生气，听的人上火，最后伤了和气，好心变成了冷漠，友谊变成了仇恨。所以说，我活了这么大年纪只有一条经验,那就是绝对不直接向任何人提忠告。当需要指出别人的错误的时候，我会像螺丝钉一样婉转曲折地表达自己的意见和建议。"

　　希望智者的高招你也能学以致用。尤其在与他人意见有分歧时，最好采取美言可以市尊，美行可以加人的方法。摒弃争吵。因为任何一个有着良好素质的人决不会失去理智地放纵自己与他人一味争吵，婉转地表达自己的意见或以无可辩驳的事实从容镇定地表白自己的观点是最高明的方法。

舍弃"有我"

南怀瑾在《南怀瑾讲述生活与生存》一文中说，我们所有的痛苦，都因为自己"有我"而来的。如果我们手里拿了一件东西，别人需要时，一定舍不得给别人，因为我们认为这是自己的东西。但如果能在这个时候放弃了而给别人，其实就进入了舍弃"有我"的境界。

南怀瑾说：生活从来是公平的，它赋予每一个人都是同样的一个宝库，明智的人会做选择，是放弃、是取舍。否则，背负重担，人会无法承受生命之重，最终或许被急流所吞没，这就是古人舍弃"有我"的智慧。

古人说，为人的原则有两条，一是不能贪，二是要舍得。俗话说，天上不会掉馅饼。在生活中，我们不要只想着占些蝇头小利，也不要因为占了蝇头小利就沾沾自喜。要想有所收获，就不能只紧紧抓住手中的东西不放手，世间万物没有莫名其妙的"得"，也没有不明不白的"舍"，俗话说，大舍大得，小

221

舍小得，不舍不得。

师父云游回来，带回了一包核桃。师父先拿出一颗核桃给小徒弟。他望着正要敲开核桃来吃的小和尚，忽然意识到这是一个启发弟子的好机会，便拦住了他。

师父又从那包核桃里数出十七颗，一颗一颗地摆在桌面上。他要小徒弟把这十七颗核桃分成三份——师父一份，师兄一份，他自己一份。要求小徒弟的一份是桌上核桃的二分之一，他师兄的一份是核桃的三分之一，他师父的一份则是核桃的九分之一。不能把核桃敲开，也不能剩下。这下可把小和尚急坏了。十七不能被二、三和九整除，怎么也不可能按师父的要求分开的呀？他急得抓耳挠腮，还是无计可施。

师父见状，在一旁叹了一口气说："要是有十八颗核桃就好分了，是不是？"

小和尚是一个非常机灵的孩子，一听这话，知道是师父在提醒自己，就赶紧把手里那颗还没来得及吃的核桃拿出来，凑成了十八颗。这样难题就迎刃而解了——更令他高兴的是，最后，他先得到的那颗核桃仍剩了下来，还属于他。

师父对他说："徒儿，这下你应该知道了吧，解这道题的关键是你必须舍得。你要是舍不得把自己手里的核桃拿出来，你永远不可能解开这道题的；你要是舍得，你就能很容易地解开这道题。而且，一旦你舍得了你已经有的东西，你往往什么都不会损失。解题是如此，与人相处何尝不是如此呢？孩子，你要记住，人生也是一道题，时时处处你都必须学会舍得智慧。"

的确，我们的人生有时就像考试时做的选择题，生活喜欢把一个对的和几个错的答案放在一起，选择对的就得舍弃几个错的，而选择的结果甚至可以关系到每个人的未来。这就是人生的乐趣和苦恼。而一个人对"舍得"的把握，不仅可以关系到你的现在，还牵涉到你以怎样的心态去面对未来，所以，我们必须明确当下选择的重要性。

从古至今，人们为温饱，为名利，为了自己的欲望都是忙碌不已。很多人往往拥有的越多，烦恼也就越多。他们在试图牢牢抓住自己所得的同时，想得到更多。这都是贪心的心态所致，所以，看淡自己的得与失，舍得放下所拥有的，人才会更加轻松，心情也才会更加愉悦。你就不会去眼红别人的成就，也不会去羡慕别人的悠闲，因为你知道他们能够得到这些都是他们有所放弃的缘故。人生是一个不断得到与放弃的过程，"鱼和熊掌不可兼得"，即告诉我们会舍得胜过盲目的不放弃。

曾经，有一对夫妻，他们经营着自己的小本生意——卖豆腐，每天都是起早摸黑，用心经营着这份属于自己的生意。虽然挣不到什么大钱，但最起码可以让自己的生活比较稳定，一年四季尚能温饱，所以他们也感到非常知足，周围的人常常可以听到从茅屋里飞出的欢乐笑声。

在他们的隔壁，住着一位富翁。每次听到从小屋里飞出的笑声后，都感到非常疑惑，心里很不是滋味。于是有一天晚上，当卖豆腐的夫妻睡下之后，富翁便悄悄地将一块金子扔进了隔壁院里。

第二天早上，夫妻俩看到院里的那块金子，异常兴奋，但是在如何处置金子的问题上两人的分歧却比较大。当个富翁吧，显然这点金子是完全不够的；改造房屋吧，也是太少；放在家中，又担心被盗。夫妻俩商量来商量去，始终拿不出最佳方案。

于是，他们守着金子发愁，豆腐也无心去做，从此屋里再也没有他们快乐的笑声了。见到这种情景，富翁偷偷地笑了。故事到这里并没有结束，后来夫妻二人觉得这样的生活远远比不上以前心安理得的日子，千金难买幸福，于是他们干脆把这块金子捐赠了出去，小茅屋里又恢复了以往的欢声笑语。

生活中，每个人都面临着无数次的选择。只要心态坦然，无悔于自己的选择，适当地放弃又未尝不能得到另一种收获和幸福呢。物质的追求以及名利的取舍，都要求人们学会放弃，不执着，正确看待个人的切身利益。

三国时，仓慈是魏国的一名官吏，在太和年间，被魏帝委任为敦煌太守。那个时候，敦煌一带是非常混乱的，有几家豪族大姓，在当地横行霸道，骄横无理，胡作非为。百姓叫苦不迭，却也无可奈何。前几任的太守因为惧怕这些豪族的势力，不敢触犯他们的利益，所以没有实行什么有效的政令来安定民生，以致被朝廷罢官。

仓慈上任后，在很短的时间就了解了敦煌问题的所在，经过充分的准备后，他对敦煌的弊政开始实行大刀阔斧的改革。首先，他派人没收了豪门大族的土地，还对权贵的利益进行削夺，然后对全城的百姓进行实名登记，按照百姓的人数来分配土地，而这些土地大部分就是没收权贵豪族而得来的。其次，优待贫苦的百姓，对一些丧失劳动力的百姓发放抚恤金，以满足他们平常生活的需要。再次，对全县历年来积压的诸多案件进行一一审阅，对仍然存在问题的案件，取出卷宗一一校对，并进行重新审理，判断是非。通过这些措施，仓慈赢得了敦煌百姓的爱戴和一致的好评，敦煌不出几年就变得井然有序，人民安居乐业。

虽然仓慈得到了敦煌百姓的爱戴，却也因此而得罪了诸多的权贵和豪族，他们对仓慈恨恨不平，于是就联合起来共同对付仓慈，他们勾结朝廷的大官诬蔑他贪污、暴政，很快地，让仓慈调任到其他地方为官的令就下来了。仓慈并不解释，他干脆辞官不做，回到家后一身轻松，虽然只有三亩闲田，生活清贫，但也乐得逍遥再不去问官场的是是非非了。

这个故事让我们明白一个道理，那就是"得"并不是人生追求的终极目标。像功名、利益等，该放弃的时候也应该放弃，这样才不会陷于危机而无法自拔，才不会陷于得失而苦恼不堪。古代很多智者在无法实现自己理想时常淡泊明志地退出权力场，去追求人生的另一最高境界——无忧无虑地过生活。而这也是我国产生了诸多田园诗的原因之一。

一忍可以制百辱，一静可以制百动

南怀瑾认为，为人处世要学会内敛，少出风头，不争闲气，专心做事，以柔克刚，保持谦卑的姿态，避开无谓的纷争，这样才能避开意外的伤害，更好地保护和发展自己。

《老子》中说："善为士者不武，善战者不怒，善胜敌者不与。"就是说善于做将帅的人不逞勇动武，善于打仗的人不轻易被敌人激怒、善于克敌制胜的人不与敌人硬拼。"武"、"怒"、"与"，在这里都是指丧失理智的非理性行为。"不武"、"不怒"、"不与"都是理性行为，是"静"的表现。所以，我们可清楚地看到，"静"是"为治"、"为胜"，而绝非消极的避世、静坐及无为。

在秦始皇陵兵马俑博物馆，有一尊被称为"镇馆之宝"的跪射俑。它被称为兵马俑中的精华、中国古代雕塑艺术的杰作。仔细观察这尊跪射俑你会看到：它身穿交领右衽齐膝长衣，外披黑色铠甲，胫着护腿，足穿方口齐头翘尖履。头绾圆形发髻。左腿蹲曲，右膝跪地，右足竖起，足尖抵地。上身微左侧，双目炯炯，凝视左前方。两手在身体右侧一上一下作持弓弩状。

跪射的姿态古称之为坐姿。坐姿和立姿是弓弩射击的两种基本动作。坐姿射击时重心稳，用力省，便于瞄准，同时目标小，是防守或设伏时比较理想的一种射击姿势。

秦兵马俑坑至今已经出土清理各种陶俑1000多尊，除跪射俑外，皆有不同程度的损坏，需要人工修复。而这尊跪射俑是保存最完整的，是唯一一尊未经人工修复的。仔细观察，就连衣纹、发丝都还清晰可见。很多人奇怪：为何这尊跪射俑能保存得如此完整？

专家说，这得益于它的低姿态。首先，跪射俑身高只有1.2米，而普通立姿兵马俑的身高都在1.8~1.97米。天塌下来有高个子顶着，兵马俑坑是地下坑道式土木结构建筑，当棚顶塌陷、土木俱下时，高大的立姿俑首当其冲，低姿的跪射俑受损害就会小一些。其次，跪射俑做蹲跪姿，右膝、右足、左足三个支点呈等腰三角形支撑着上体，重心在下，增强了稳定性，与两足站立的立姿俑相比，不容易倾倒、破碎。因此，在经历了2000多年的岁月风霜后，它依然能完整地呈现在我们面前。

富弼是北宋仁宗时的宰相。因为他大度，上至仁宗，下至文武官员都称他品行优良。富弼年轻的时候，因聪明伶俐，巧舌如簧，求胜心强，常常在无意之间得罪一些人，事后，他自己也深为不安。经过长时期的自省和磨炼，他的性格逐渐变得宽厚谦和。所以当有人告诉他某某在说你的坏话时，他总是笑着回答："你听错了吧，他怎么会随便说我呢？"

一次，一个秀才想当众羞辱富弼，便在街心拦住他道："听说你博学多识，我想请教你一个问题。"

富弼知道来者不善，但也不能不理会，只好答应了。

众人见富才子被人拦在街上，都涌过来看热闹。

秀才问富弼："请问，欲正其心必先诚其意，所谓诚意即毋自欺也。是即为是，非即为非。如果有人骂你，你会怎样？"

富弼想了想，答道："我会装作没有听见。"

秀才哈哈笑道："竟然有人说你熟读四书，通晓五经，原来纯属虚妄，你不过如此啊！"说完，大笑而去。

富弼的仆人埋怨主人道："您真是的，这么简单的问题我都可以说清楚，怎么您却装作不知呢？"

富弼说道："此人乃轻狂之士，若与他以理辩论，必会言辞激烈，气氛紧张，无论谁把谁驳得哑口无言，都是口服心不服，况此书生心胸狭窄，必会记仇，这是徒劳无益的事，又何必争呢？"

仆人仍不理解自己的主人为何如此胆小怕事。

几天后，那秀才在街上又遇见了富弼。富弼主动上前打招呼。秀才不理,扭头而去;走了不远,又回头看着富弼大声讥讽道:"富弼乃一乌龟耳!"

有人告诉富弼那个秀才在骂他。

"他在骂别人吧!"富弼说。

"他指名道姓骂你,怎么会是骂别人呢?"

"天下难道就没有同名同姓之人吗?"富弼说。

富弼丝毫不理会秀才的辱骂。秀才见无趣,低着头走开了。

富弼的为人处世功夫是非常高明的。在为人处世中如果想减少别人对自己的伤害,必须学会忍耐。一旦忍耐的功夫练得炉火纯青,就能取得无为而胜人的效果。

中国古代的名将韩信,家喻户晓,妇孺尽知,其武功盖世,称雄一时,但他还有一个过人之处,那就是他善用以柔克刚之术。

韩信还未成名之前,并不恃才傲世,目中无人。相反,倒是谦和柔顺,能屈能伸。有一天,韩信正在街上行走。忽然,面前拥出三四个地痞流氓。只见他们抱着肩膀,叉着双腿,趾高气扬地眯着眼睛斜视韩信。韩信先是一惊,随即便抱拳拱手道:"各位仁兄,莫非有什么事吗?"

其中一个撇了撇嘴,怪笑道:"哈哈,仁兄?倒挺会说话,哈哈,我们哥儿们是有点事找你,就看你敢不敢做啦!"

韩信依然很平静地说:"噢?不知是什么事,蒙各位抬爱竟看得起我韩信?"

那些人都哈哈地大笑起来，刚才说话那人说："哈哈哈，什么抬不抬的，我们不是要抬你，而是要揍你，哈哈哈——"

其他人也跟着怪声怪气地笑着，指着韩信嘲笑他。

韩信看看他们，依旧平心静气地问："各位，不知我哪里得罪了大家，你我远日无仇，近日无冤，为什么要揍我，我实在不明白。"

那人怪笑三声，说："不为什么，只是听说你的胆子很大，今天我们几个想见识见识，看你到底有多大的胆子，是不是比我们哥儿们胆子还要大？"

韩信一听，这不是没事找事吗，他们这是故意为难自己，他虽然心中很是气愤。却忍住了怒火，面上赔笑道："各位各位，想是有人信口误传，我韩某人哪里有什么胆识，又岂能跟你们相提并论，我没有胆识，没有胆识。"

那群人轻蔑地望着韩信，听他这样说，依然不肯放他过去。那领头之人，"当啷"一声将宝剑抽出来，往韩信面前一扔，将头向前一伸，对韩信说："看你老实，今天我们不动手，你要有胆识，你把剑拿起来，砍我的脑袋，那就算你小子有种。要不然嘛，你就乖乖地从我的胯下钻过去，哈哈哈——"

韩信望望地上的亮闪闪锋利的宝剑，又看了看面前叉腿仰头而立的地痞头头，皱了皱眉。围观的人早已纷纷议论，很多人非常气愤，嚷嚷让韩信去拿剑宰了这狂妄的小子。

韩信暗暗咬咬牙，却并未去拿那剑，而是缓缓屈身下去，从那人的胯下爬了过去。众人无不惊愕，连那群流氓也怔在那里发呆。韩信则立起身掸尽尘土，头也不回，扬长而去。

从那以后，那群流氓再也没找过韩信的麻烦。而韩信后来功成名就，又提拔当年的那个流氓作了小小的官吏，那人自然是感恩戴德，尽心尽力。

韩信可谓是一个聪明、顾大局的人。试想，如果当时韩信火冒三丈，一怒之下举剑杀了那个人，双方必然会有一场恶战，胜负难料不说，纵使是韩信胜了，也免不得要吃官司，凭空出横祸，那对他日后的发展定会产生很大的障碍或留下深深的隐患。

所以，南怀瑾一再说，为人处事要像《老子》中说的那样："曲则全，枉则直，洼则盈，敝则新，少则得，多则惑。是以圣人抱一为天下式。不自见，故明；不自是，故彰；不自伐，故有功；不自矜，故长。夫唯不争，故天下莫能与之争。古之所谓'曲则全'者，岂虚言哉？诚全而归之。"这段话的意思是说：委曲便会保全，屈枉便会直伸；低洼便会充盈，陈旧便会更新；少取便会获得，贪多便会迷惑。所以有道的人坚守这一原则作为天下事理的范式，不自我表扬，反能显明；不自以为是，反能是非彰明；不自己夸耀，反能得有功劳；不自我矜持，所以才能长久。正因为不与人争，所以遍天下没有人能与他争。

古时所谓"委曲便会保全"的话，怎么会是空话呢？它实实在在能够达到。所以人们学会忍，能低下头，就能够保全自己；就能受屈枉，就有伸直的机会。

宋代苏洵有句著名的话："一忍可以制百辱，一静可以制百动。"就是说忍的作用能抵抗千军万马，忍可以说是"忍小谋大"的"策略"。

战国时孙膑，少年时便下定决心学习兵法，准备做出一番大事业。成年后，他出外游学，到深山里拜精通兵法和纵横捭阖之术的隐士鬼谷子先生为师，勤奋地学习兵法阵式。鬼谷子把《孙子兵法》教给孙膑，不到三天孙膑便能背诵，并且根据自己的理解阐述了许多精辟独到的见解。鬼谷子为他奇异的军事才能而兴奋地说："这一下，大军事家孙武后继有人了！"

孙膑有个同学叫庞涓，对孙膑的才能十分忌妒，但表面上却装作和孙膑很要好，相约以后一旦得志，彼此互不相忘。后来，庞涓先行下山，在魏国做了将军，他派人邀孙膑下山共同辅佐魏王。孙膑到来之后，他先是虚情假意地热烈欢迎，而后委之以客卿的官职，孙膑自然对不忘旧日同窗之情的庞涓感激万分。然而半年之后，庞涓却玩弄阴谋手段，捏造罪名，诬陷孙膑私通齐国，对他施以膑刑，脸上也刺上字，目的在于从精神上折磨孙膑。

孙膑下定决心要报仇雪恨。他摆脱庞涓手下的监视，暗地里潜心研究兵书战策，准备有朝一日逃离虎口。为了蒙骗监视他的人，他甚至装疯卖傻，以粪便为食，与牲畜做伴。

不久，齐国使者来到魏国，暗中探访孙膑并把他藏入车中带回齐国。在一次王公贵族的赛马活动中，大将田忌将足智多谋的孙膑推荐给齐威王。在齐威王面前，孙膑畅谈兵法，尽叙平生所学，受到齐威王的赏识，被任命为齐国军师。从此，孙膑开始在战国时代的军事舞台上大显身手。

公元前354年，魏国派庞涓率大军围攻赵国邯郸，企图一举消灭赵国。孙膑与田忌商量，提出"围魏救赵"的作战大计。不但解了邯郸危急，并且在桂陵之战中以逸待劳，大破魏军，此战，魏军几乎全军覆灭，庞涓仅率少数兵士仓皇逃脱。

桂陵之战后十三年，魏王又派庞涓率兵攻韩。齐王派田忌为大将，孙膑为军师，攻魏救韩。孙膑冷静分析了敌我双方的具体情况，故意做出怯战的样子，减少锅灶表示齐军已大多逃亡，以此来麻痹敌人。魏军果然中计，穷追猛赶。齐军在山高路窄、树多林密的马陵设下埋伏。魏军大败，四面被围，既无法抵抗，又无路可逃。庞涓眼见败局已定，绝无挽回的余地，只好垂头丧气地拔剑自刎。齐军战役一举歼敌十万，大获全胜。这就是历史上的马陵之战，而孙膑从此也名扬天下。

孙膑的确是位杰出的军事家，同时也是一个深知"忍"字秘诀的人。面对命运的不公，面对"朋友"的诬陷，他仍能忍隐不发，潜心等待时机的到来，这不但需要一份惊人的忍耐力，同时也需要有一种卓越的审视力和观察力。

忍耐的效果常是不言而喻的，求忍与求全、求胜都是一种处世的方式，而忍更是需要付出全力的。所以，讲一个"忍"字，是要培养自己刚强的毅力和坚韧的忍耐力。能忍得旁人所难以忍受的东西，才能使自己能屈能伸，不断地积蓄力量，增强忍耐力和忍受力，为将来事业的成功积累资本。

海纳百川，有容乃大

南怀瑾认为，如果社会中人人争权夺利，好居人上，并为此不择手段，那么这个社会一定是一个充满纷争、猜忌、动荡而不安宁的社会，生活在这样的社会中，人们不能正常发展，也谈不上愉快幸福。反之，人们若能谦恭礼让，诚恳待人，这个社会就会和谐，人们就会愉快、幸福。

谦让、礼让，是德的主体，礼的主体，一人让，从而会带动人人让，古人崇尚礼让正是表现了这种追求。《老子》中说"功成而弗居，夫唯弗居，是以不去"。"夫唯不争，故天下莫能与之争。"意思是说：有功而不要自居。正由于不居功，所以功绩不会失去。正因为不与人争，所以天下没有谁能争得赢他。这些话确实体现了中华民族"礼"的深邃智慧与博大的胸怀，也是一个人健全的人格和应具备的品质。

林则徐有一句名言："海纳百川，有容乃大。"与人相处，有一分退让，就受一分益；吃一分亏，就积一分福。相反，存一分骄，就多一分挫辱，占一分便宜，就招一次灾祸。谦让以功，谦让以利，谦让以位，这是个人品质层次高的表现，这种品德使国家安，人民安，也会为自己赢得世人的尊重。

南怀瑾无论在何种场合总是告诫人们处事要懂得利人就是利己、亏人就是亏己、让人就是让己、害人就是害己的智慧。他认为君子以让人为上策。一个人，在有成就时能让功于他人，就能让他人心存感恩；吃亏于自己，好处于他人，自然就能得到人心了。

清朝的年羹尧早期仕途一路顺畅，1700年考中进士，入朝做官，升迁很快，不到十年成为重要的地方大员——四川省长官。这个时期是清朝西北边疆多战事的时期。当时康熙重用年羹尧，就是希望他能平定与四川接近的西藏、青海等地叛乱。年羹尧也没有让康熙失望。

在1718年参与平定西藏叛乱的过程中，年羹尧表现出了非凡才干。他当时负责清军的后勤保障工作，他熟悉西藏边疆的情况，与清军中满族、汉族将领的关系都处得不错；虽然运送粮饷的道路十分艰险，但是在年羹尧的努力下，清朝大军的粮饷供应始终是充足的，从而为取胜创造了条件。因此，第二年年羹尧就被康熙皇帝晋升为四川、陕西两省的长官，成为清朝在西北最重要的官员。

这一年九月，青海地区又出现叛乱。这一次朝廷任命年羹尧为主帅前去镇压。出兵前，年羹尧突然下令："明天出发前，每个士兵都必须带上一块木板，一束干草。"将士们都不明白这是为什么，又不敢问。第二天进入青海境内，遇到了大面积的沼泽地，队伍难以通过。这时年羹尧下令将干草扔进沼泽泥坑中，上面铺上木板，这样，军队就顺利而快速地通过了沼泽。这沼泽本是反叛军队依赖的一大天险，认为清军不可能穿过沼泽，哪想到突然之间年羹尧的大军已经出现在他们面前，一时惊慌失措，很快就被打败。

又一次，夜晚宿营，半夜时突然一阵风从西边吹来，很快便停了。年羹尧发觉后立刻叫来手下将军，命令他带上几百名精锐骑兵，飞速赶往军营西南的密林中捕杀埋伏的敌人。手下来不及多想，带上兵马就去了，果然在密林中发现埋伏的敌人，便将他们全部歼灭了。手下百思不得其解，问他是如何知道密林中有伏兵，年羹尧笑笑说："那风一阵子就突然没了，应该不是风而是鸟飞过的声音。半夜鸟不应该飞出来，一定是受到了人的惊吓。西南十里外密林中鸟很多，所以我料定敌人在那里埋伏。"手下听了不由暗暗起敬，年羹尧之多谋善断、能征善战可见一斑。

年羹尧不仅立下了卓越的战功，而且由于年羹尧从小就对雍正忠心耿耿，即位后的雍正更加信任年羹尧。西北地区的军事民政全部由年羹尧一人负责，在官员任命上雍正也常听年羹尧的意见。雍正不仅对年羹尧本人而且对他全家也很关照，年家大大小小基本都受过雍正封赏。

但是，随着权力的日益扩大，年羹尧以功臣自居，变得目中无人，经常为了和其他大臣的一点私利闹得满城风雨。他一出门威风凛凛不算，他家一个教书先生回江苏老家一趟，江苏一省长官都要到郊外去迎接。一次他回北京，京城的王公大臣都到郊外去迎接他，他对这些人看都不看，显得很无礼。他对雍正有时也不恭敬，时常以军功自居，一次在军中接到雍正的诏令，按理应摆上香案跪下接令，但他就随便一接了事，有人报告雍正后，令雍正忍无可忍。

1726年初，年羹尧给雍正进献贺词时，雍正以年羹尧把话写错，赞扬的语言成了诅咒的话为由，抓了年羹尧，此后又罗列了多条罪状，将他彻底打倒。最后雍正令年羹尧自杀了。

许多人在取得成就时，不懂得谦虚，只知道夸耀自己，甚至居功自傲，揽功于身，这样的人其实是很愚蠢和很肤浅的，容易为自己招致祸患。老子曾说，上善若水，而南怀瑾也很推崇水与世无争的宽容和谦和、功成而不倨傲的谦虚品德，他说，低调做人，仁心对人，像水一样不争，这才是真正具有了高尚的情操。